6 Pièces Diverses.

Volume de 468 pages.

1832 ———— 1834.

Table.

MÉMOIRE

SUR

LES ROUTES ET SUR LE ROULAGE,

PAR MM.

CORRÈZE, CAPITAINE DU GÉNIE, ET MANÈS, INGÉNIEUR DES MINES.

(Extrait des Annales des Ponts et Chaussées , année 1832.)

———•◦◦◦•———

A PARIS,

CHEZ CARILIAN-GOEURY, LIBRAIRE

DES CORPS DES PONTS ET CHAUSSÉES ET DES MINES,

QUAI DES AUGUSTINS, N°. 41.

=

1832.

PARIS. — IMPRIMERIE ET FONDERIE DE FAIN,
Rue Racine, n°. 4, place de l'Odéon.

MÉMOIRE

SUR

LES ROUTES ET SUR LE ROULAGE;

Par MM. CORRÈZE, Capitaine du génie, et MANÈS, Ingénieur des mines.

L'influence des bonnes routes sur la prospérité de l'agriculture et du commerce est généralement sentie; on s'accorde également à reconnaître que l'état actuel des routes de France peut et doit être amélioré. Plusieurs ingénieurs ont publié leurs idées sur les moyens les plus propres à procurer ces améliorations; nous venons apporter dans cette question importante le tribut de nos faibles lumières.

Dans le tracé des routes en pays de montagnes, il a été admis jusqu'ici qu'on devait toujours adopter les pentes les plus douces, tandis que les calculs auxquels nous avons soumis la question du meilleur développement à donner à ces parties de route, prouvent que, dans un système de roulage bien organisé, des pentes fortes seraient plus avantageuses.

A l'égard des chargemens, on a dit que leur énormité, dans l'état actuel des choses, est la cause réelle de la grande détérioration de nos routes, et qu'il y aurait sans doute avantage pour l'état, qui acquitte les frais de leur entretien, à établir des tarifs de chargement moins ruineux; mais on a ajouté que par ces nouveaux tarifs on augmenterait les frais de transport, et par conséquent le prix des denrées, et qu'il restait dès-lors à examiner si, pour économiser quelques millions sur les frais annuels de l'entretien des routes, on n'imposerait pas à la société un sacrifice bien plus considérable.

I

Les recherches auxquelles nous nous sommes livrés à
ce sujet, nous ont conduits à reconnaître le peu de fon-
dement de cette dernière opinion ; nous avons acquis la
conviction que l'intérêt de l'état et celui du commerce
étaient essentiellement liés, et que les mesures que l'on
prendra en faveur du premier ne seront pas moins
avantageuses au second. Nous allons exposer ici les résultats de nos expériences et de nos réflexions. Nous
désirons que les conclusions auxquelles nous sommes
arrivés soient généralement approuvées, qu'elles enga-
gent le gouvernement à abandonner promptement le
système désastreux qui chaque jour aggrave l'état de
nos communications, et qu'elles disposent le commerce
à recevoir favorablement des modifications qui lui seront
également profitables.

Ce mémoire sera divisé en deux sections : Dans la première, nous traiterons des routes, des pentes les plus
avantageuses à leur donner, des chargemens les plus
convenables pour les voitures qui les parcourent, des
matériaux à employer pour la construction des chaussées. — Dans la seconde section, nous examinerons les
différentes voitures généralement en usage, nous étudie-
rons les diverses résistances que les voitures ont à
vaincre en raison de l'état de la route ; puis nous re-
chercherons quel est celui de tous les véhicules employés qui, détériorant le moins les chaussées, exige le
moindre tirage.

PREMIÈRE SECTION. — DES ROUTES.

*Recherches sur les pentes à donner aux routes en pays
de montagnes, et détermination des chargemens les
plus avantageux des véhicules.*

Le tracé des routes en pays de plaine ne présente
aucune difficulté ; s'il s'écarte quelquefois de la direction en ligne droite, les motifs de cette déviation sont

généralement puisés dans des considérations étrangères
à l'art de l'ingénieur. Nous n'entrerons point ici dans
l'examen de ces considérations, qui sont plus particulièrement du domaine de l'administration. Mais il n'en est
point ainsi lorsqu'il s'agit de tracer une route en pays
de montagnes. Là, si d'un côté la direction en ligne
droite réduit, autant que possible, le développement de
la route, d'un autre côté elle donne lieu à des pentes
rapides qui, outre la difficulté de leur maintien en bon
état, résultant des dégradations auxquelles elles sont
plus exposées de la part des eaux, ont le grave inconvénient de faire exercer aux chevaux un fort tirage dans les
montées, et de diminuer considérablement la quantité
d'action utile que ceux-ci peuvent fournir. Veut-on, pour
mieux utiliser la force du cheval dans les montées,
charger moins les véhicules, il arrive alors que dans les
parties de route en plaine le tirage exercé par le moteur
est trop faible, d'où résulte encore une perte dans l'emploi de sa force. Dans les pays où le roulage est fait avec
intelligence, on évite une partie de ces inconvéniens en
confiant plusieurs voitures au même conducteur, ce qui
lui permet de *doubler* à propos dans les montées, et de
mieux utiliser par ce moyen la force de ses chevaux. Il
résulte cependant, de cette opération même, une nouvelle
cause de perte de force, celle que le cheval emploie à
revenir prendre les voitures que le conducteur a laissées
en arrière.

On est donc généralement forcé, dans les pays de
montagnes, à s'éloigner beaucoup de la ligne droite et
à augmenter le développement de la route pour diminuer la raideur des pentes; mais jusqu'à quel point est-il
avantageux d'augmenter le chemin à parcourir, pour éviter les fortes pentes, et cela indépendamment de l'augmentation dans la dépense de construction et d'entretien
de la route? Voici la manière dont, à notre connais-

sance, on a cherché jusqu'ici la réponse à cette question :

On a eu seulement égard aux rapports des poids que les chevaux peuvent traîner sur des rampes de diverses inclinaisons, sans éprouver plus de fatigue sur l'une quelconque que sur les autres, ainsi qu'aux rapports de longueurs de ces diverses rampes, et on a posé en principe que, de toutes les directions que l'on peut suivre pour s'élever à une hauteur donnée, la plus avantageuse était celle pour laquelle le poids utile qu'un cheval peut traîner est le plus considérable, et la distance à parcourir moindre, ou en d'autres termes celle pour laquelle la fraction $\frac{C}{L}$ se trouve un maximum (C étant le poids qu'un cheval peut traîner sur une rampe, et L la longueur de cette rampe).

Adoptant pour un instant ces idées, si nous nommons h la hauteur de la rampe pour l'unité de longueur de base, et H la hauteur à gravir, nous aurons :

$$L : H :: \sqrt{1+h^2} : h, \quad \text{d'où} \quad L = H \frac{\sqrt{1+h^2}}{h}.$$

Le chargement C se trouvera d'ailleurs, en égalant le tirage réel du cheval sur la rampe h à la résistance opposée par la voiture qui monte cette rampe.

Or, si on considère que lorsqu'un cheval monte librement une rampe le poids de son corps se décompose en deux, l'un perpendiculaire à la route, et l'autre qui lui est parallèle, on voit que ce dernier pouvant être considéré comme un véritable tirage, le cheval se trouve dans la même position que si, en marchant en plaine, il avait ce tirage à exercer. Il résulte de là qu'à égalité de fatigue le tirage réel T' d'un cheval qui monte une rampe h est égal au tirage T qu'il exerce en plaine, moins l'effort nécessaire pour élever le poids de son corps et qui est exprimé par $p \cdot \frac{h}{\sqrt{1+h^2}}$, la composante de ce poids prise parallèment à la route.

D'un autre côté, pour avoir la résistance occasionée
par un véhicule chargé parcourant une route en rampe,
il faut observer que dans ce cas le poids total du véhicule
et de son chargement se décompose en deux : l'un parallèle
à la route forme immédiatement une partie du tirage, et
le second, qui lui est perpendiculaire, donne naissance à
une autre partie du tirage, analogue à celui qui a lieu en
plaine, et qui est une fraction constante, pour chaque
nature de route, du poids du véhicule et de son chargement; si donc P est le poids de la voiture, C celui du
chargement, et m le rapport en plaine du tirage au poids
total $(P + C)$, la résistance opposée par cette voiture sur
une rampe h sera égale à $(P + C) . \dfrac{h}{\sqrt{1+h^2}}$, composante
du poids total parallèle au plan de la rampe, plus à
$m . \dfrac{P+C}{\sqrt{1+h^2}}$ résultant des frottemens et autres obstacles
sur la rampe, en sorte qu'on aura pour déterminer C,
l'équation

$$T - p . \frac{h}{\sqrt{1+h^2}} = (P+C) . \frac{h+m}{\sqrt{1+h^2}}.$$

On peut d'ailleurs remarquer que h étant toujours très-
petit, $\sqrt{1+h^2}$ ne diffère pas sensiblement de l'unité, faisant donc $\sqrt{1+h^2} = 1$, les équations précédentes de-
viennent

$$L = \frac{H}{h} \quad \text{et} \quad T - ph = (P+C) . (h+m), \quad \text{d'où} \quad C = \frac{T-ph}{h+m} - P.$$

Par suite on a :

$$\frac{C}{L} = \left(\frac{T-ph}{h+m} - P \right) \frac{h}{H} = \frac{1}{H} \left(\frac{Th-ph^2}{h+m} - Ph \right).$$

Observant que H est constant, on voit que la quantité
entre parenthèses doit être un *maximum*. Représentant
cette quantité par y et la différentiant par rapport à h,
il vient :

$$\frac{dy}{dh} = \frac{(h+m).(T-2ph)-(Th-ph^2)}{(h+m)^2} - P$$

$$= \frac{m(p-Pm)-2m.h(P+p)-h^2(P+p)}{(h+m)^2}$$

Pour le *maximum* il faut que $\frac{dy}{dh}$ soit nul, on a donc l'équation :

$$h^2 + 2mh - m\frac{(T-Pm)}{P+p} = o;$$

d'où l'on tire :

$$h = -m \pm \sqrt{m^2 + \frac{m(T-Pm)}{P+p}}.$$

Soit T le tirage en plaine $= 66^k$, p le poids du cheval $= 250^k$, P le poids de la voiture $= 300^k$; soit en outre pour une route en bon empierrement, $m = \frac{1}{25}$, nous tirerons de l'équation ci-dessus $h = 0,035$.

Ainsi, les données ci-dessus conduisent à cette conclusion que la meilleure rampe à adopter dans un projet de route devrait toujours être celle de 35 millimètres par mètre, tandis qu'il est reconnu que l'on peut porter les pentes (les plus fortes à la vérité) jusqu'à 7 centimètres par mètre.

Or, dans cette manière de calculer les pentes, il est plusieurs considérations inexactes sur lesquelles on s'appuie, et que nous devons relever.

Nous remarquerons d'abord que, tandis qu'il paraît rationnel de supposer le poids de la voiture toujours dans un rapport constant avec celui du chargement, on suppose ce rapport variable, et qu'on fait porter sur le poids du chargement toute la diminution à laquelle oblige la rampe. Or il est bien évident alors qu'on doit arriver à des rampes très-faibles, car, pour peu que celles-ci fussent fortes, le poids du chargement se réduirait à presque rien.

On admet ensuite que le tirage total du cheval sur les rampes doit être le même que celui qu'il exerce en plaine, tandis que lorsqu'un cheval de trait monte une rampe, il y a avantage à lui faire exercer un plus fort tirage que celui qui donne en plaine le maximum de quantité d'action journalière. Alors en effet, quoiqu'il fasse moins de chemin dans le même temps, sa quantité d'action journalière est cependant plus forte, que s'il eût exercé un moindre effort et fait plus de chemin, et cet avantage résulte de ce que la dépense d'action, pour élever le poids de son corps, est alors diminuée, vu qu'il s'élève à une moindre hauteur. C'est aussi pour cette raison que les chevaux, dont le rapport de la force au poids de leur corps est le plus grand, doivent être employés de préférence en pays de montagnes.

Enfin on ne tient aucun compte ici des parties de route de niveau qui peuvent être liées aux parties de route en pays de montagnes, et cependant le rapport des unes aux autres doit avoir une grande influence sur les pentes à donner à ces dernières.

Après avoir montré le vice de la méthode que nous venons de rappeler pour la détermination des pentes, proposons-nous maintenant de rechercher, avec toute l'exactitude possible, le développement le plus avantageux à donner aux routes à tracer en pays de montagnes. La solution de cette question va dépendre alors de tant de données différentes, qu'il nous serait fort difficile, sinon impossible, de la faire connaître au moyen d'une formule; pour plus de facilité, nous la déduirons d'une suite d'autres questions qui nous conduiront au résultat par leur enchaînement, en partant des diverses données de l'expérience consignées dans les ouvrages des auteurs qui ont traité cette matière.

La première question qui se présente est de savoir comment varie la quantité d'action journalière (*) qu'un cheval peut fournir en faisant varier son tirage.

(*) Par quantité d'action journalière, nous entendons le produit du

Nous ne connaissons point d'expériences faites dans le but direct de répondre à cette question. Voici les diverses données que nous avons pu réunir :

D'après Coulomb, un cheval ordinaire, attelé à une charrette, peut transporter dans sa journée un fardeau de 700 kilogrammes à 40 kilomètres de distance, sur un chemin ordinaire en plaine. En estimant à 200 kilogrammes le poids de la charrette, et, d'après Rumfort, la force du tirage au vingtième du poids total, on trouve que le tirage exercé par le cheval de l'expérience de Coulomb était de 45 kilogrammes, et que sa quantité d'action journalière était par conséquent de $45 \times 40 = 1800$ kilog. $\times$ kilom.

M. Dupin, dans son *Traité de Mécanique industrielle*, tom. 3, pag. 159, dit que deux chevaux attelés à une charrue, et exerçant chacun un tirage de 72 kilogrammes, peuvent parcourir dans leur journée une distance de 26 kilomètres ; ce qui fait, pour la quantité d'action journalière fournie par chacun d'eux, $72 \times 26 = 1872$ kilog. $\times$ kilom.

D'après le même auteur, on estime en Angleterre qu'un cheval qui travaille pendant huit heures, et parcourt 4 kilomètres par heure, peut tirer avec une force de 90 kilogrammes ; ce qui donne une quantité d'action égale à $4 \times 8 \times 90 = 2880$ kilog. $\times$ kilom.

Enfin M. Hachette, dans son *Traité des Machines*, dit, *pag.* 51, que dans un manège établi au-dessus d'une carrière à plâtre des environs de Paris, un cheval exerçant un tirage de 100 kilogrammes, parcourt par jour environ 16 kilomètres, ou fournit une quantité d'action égale à 1600 kilog. $\times$ kilom.

Nous pouvons donc, sans craindre de commettre de grandes erreurs, prendre 1800 pour la quantité d'action journalière qu'un cheval ordinaire peut fournir lorsqu'il

tirage exercé par le cheval et exprimé en kilogrammes, par le chemin qu'il peut parcourir dans sa journée, ce chemin étant exprimé en kilomètres.

marche au pas en plaine, en exerçant un tirage de 45 à
90 kilogrammes.

La limite supérieure du tirage est, d'après Tredgold,
de 400 kilogrammes, le cheval ne parcourant aucune
distance; et, lorsque le cheval n'a aucun tirage à exercer,
il parcourt dans sa journée 70 kilomètres.

En assujettissant ces données à la loi de continuité au
moyen d'une équation, on trouve, en appelant T le tirage
et D le chemin parcouru journellement par un cheval sous
ce tirage :

$$D = 70 - 0,792\ T + 0,00294\ T^2 - 0,00000349\ T^3 \quad (1).$$

Au moyen de cette formule nous avons calculé et mis
en tableau (*page* 55) les différentes quantités d'action journalière du cheval correspondantes au tirage compris entre
1 et 200 kilogrammes, et échelonnées de kilogramme en
kilogramme. Nous désignerons ce tableau par la lettre. (A).

Il résulte de ces calculs, que le *maximum* 1950$^{kilog.} \times ^{kilom.}$
répond au tirage de 66 kilogrammes, le chemin parcouru
étant de 29$^{kilom.}$,54.

Pour deuxième question nous nous proposons de déterminer le tirage produit par un véhicule chargé, parcourant
une route en pente, lorsque l'on connaît son tirage sur
une route en plaine de même nature.

Soit θ ce tirage du véhicule chargé parcourant une route
en pente, P le poids du véhicule et de son chargement,
m la fraction par laquelle il faut multiplier P pour avoir
le tirage, lorsque le véhicule parcourt une route en
plaine, et enfin *h* la hauteur de la pente pour l'unité de
base; nous trouvons, par les mêmes considérations que
plus haut :

$$\theta = \frac{Ph}{\sqrt{1+h^2}} + \frac{mP}{\sqrt{1+h^2}}, \text{ ou simplement } \theta = P\,(h+m)\ (2),$$

en observant que $\sqrt{1+h^2}$ est sensiblement égal à l'unité.

Dans cette formule h doit être positif ou négatif, suivant que le véhicule monte ou descend.

Il n'y aurait qu'à substituer cette valeur de θ à la place de T dans l'équation (1) pour avoir la distance journalière qu'un cheval attelé à un véhicule peut parcourir sur une route en pente, si la force du cheval n'était pas modifiée par l'effort qu'il fait pour élever le poids de son corps lorsqu'il monte une rampe, ou par la fatigue qu'il éprouve en la descendant.

Pour tenir compte de la modification à introduire par cette considération dans la quantité d'action journalière qu'un cheval peut fournir, nous appelerons p le poids du cheval (que dans tous nos calculs nous avons supposé de 250 kilogrammes), t le tirage fictif qui représente l'effort qu'il fait pour élever le poids de son corps, et h la pente de la route, et nous aurons :

$$t = \frac{ph}{\sqrt{1+h^2}} \text{ , ou simplement } t = ph \qquad (3).$$

en observant, comme ci-dessus, que $\sqrt{1+h^2}$ est sensiblement égal à l'unité.

En ajoutant ce tirage fictif t au tirage réel du véhicule θ donné par l'équation (2), on aura pour le tirage total :

$$T = \theta + t = P.(h+m) + ph \qquad (4).$$

Si on met un nombre n de chevaux au véhicule, cette équation devient :

$$T = P\frac{(h+m)}{n} + ph \qquad (5).$$

Telle est la valeur de T qu'il faudra substituer dans l'équation (1) pour avoir la distance que peut parcourir dans un jour un véhicule tiré par un ou plusieurs chevaux, sur une route en montée d'une nature donnée. On peut avoir cette même distance approximativement en faisant usage du tableau (A) (*page 55*).

L'équation (5) est applicable au cas où le véhicule

descend sur une route en pente; en y faisant h négatif, elle devient alors :

$$T = P \frac{(m-h)}{n} - ph \qquad (6).$$

On voit par cette équation que T diminue à mesure que h augmente, et qu'il devient nul sur la pente pour laquelle on a $P(m-h) = nph$, d'où l'on tire

$$h = \frac{mP}{P+np} \qquad (7).$$

A partir de cette pente le tirage devient négatif, et il est alors avantageux d'enrayer. Si cette opération se fait avec le degré convenable d'intensité, le cheval se trouvera dans la même position que s'il marchait librement sur une route en plaine.

Les considérations précédentes nous permettent de déterminer *le temps* (*) nécessaire pour le transport d'un quintal métrique à un kilomètre de distance, lorsque l'on connaît le poids du véhicule et de son chargement, la pente de la route, sa nature (**), et le nombre de chevaux attelés. En désignant *ce temps* par J, on a :

$$J = \frac{n}{PD} \qquad (8).$$

équation dans laquelle n désigne le nombre de chevaux, P le poids du véhicule et de son chargement exprimé en quintaux métriques de 100 kilogrammes, et D la valeur donnée par l'équation (1) après y avoir substitué la valeur

(*) Le mot *temps* employé ici n'indique point un nombre d'heures déterminé, mais seulement une fraction de la journée du cheval (ou du nombre d'heures qu'il peut travailler dans un jour), et ce nombre d'heures est variable avec le tirage plus ou moins grand qu'on lui fait éprouver.

(**) C'est-à-dire la fraction par laquelle il faut multiplier le poids du véhicule et de son chargement pour avoir le tirage en plaine sur la route que l'on considère.

de T déduite des équations (5) ou (6), suivant que le véhicule va en montant ou en descendant.

Il est actuellement facile de concevoir comment on peut résoudre les diverses questions relatives au tracé d'une route en pays de montagnes, ou aux chargemens les plus avantageux à donner aux véhicules. Supposons, par exemple, qu'il s'agisse d'élever le véhicule avec son chargement au haut d'une montagne, et de déterminer la pente la plus avantageuse à donner au tracé de la route. Soit H la hauteur verticale de cette montagne exprimée en kilomètres; $\frac{H}{h}$ sera la longueur développée de la route ayant la pente h. Si on multiplie cette longueur par *le temps* nécessaire pour parcourir un kilomètre donné par l'équation (8), on aura $\frac{nH}{hPD}$ pour *le temps* relatif au transport d'un quintal au haut de la montagne; et en égalant à *zéro* la différentielle de cette expression prise par rapport à h, après avoir substitué à D sa valeur donnée par les équations (1) et (5), on aurait l'équation d'où dépend la détermination de h, ou de la pente la plus avantageuse à donner au tracé de la route.

La même expression $\frac{nH}{hPD}$ différentiée par rapport à P et égalée à *zéro* donnerait au contraire le chargement le plus avantageux à employer sur une route d'une pente déterminée.

Mais cette méthode nous conduisant à des formules inextricables, nous avons calculé trois tableaux qui fournissent tous les élémens nécessaires à la solution des divers problèmes que l'on peut se proposer (*).

Le premier de ces tableaux (*page* 56), que nous timbrerons (B), fait connaître *le temps* nécessaire pour le transport d'un quintal métrique à un kilomètre, en

---

(*) *Voir* à la fin du mémoire les tableaux et calculs A, B, C, D et E.

faisant varier les pentes et la nature des routes, et les chargemens, dans le cas des routes en montées.

Sous le rapport de leur nature, nous avons divisé les routes en quatre classes :

La 1re. classe renferme les routes excellentes, telles que celles à la Mac-Adam, et sur lesquelles le tirage en plaine n'est que $\frac{1}{30}$ du poids du véhicule et de son chargement.

La 2e., celles où le tirage en plaine est $\frac{1}{25}$ dudit poids.

La 3e.,   *idem* $\frac{1}{20}$ *idem.*

La 4e.,   *idem* $\frac{1}{15}$ *idem.*

Notre premier tableau présente quatre subdivisions relatives à ces diverses routes, et pour chacune il offre cinq colonnes :

La première colonne, intitulée *chargement*, indique le poids total du chargement et du véhicule; nous avons fait varier ce chargement de 400^k à $2,000^k$, savoir : de 400^k à $1,000^k$, par différence de 100^k, et de $1,000^k$ à $2,000^k$, par différence de 200^k.

La deuxième colonne indique *les pentes de la route*, c'est-à-dire, la hauteur pour l'unité de base. A chacun des chargemens de la colonne précédente correspondent ici onze pentes qui varient de centimètre en centimètre, depuis la pente $0^m,00$ jusqu'à celle $0^m,10$.

La troisième colonne fait connaître, pour chaque chargement et chaque pente, *le temps* (ou la fraction de la journée du cheval), relatif au transport d'un quintal métrique à un kilomètre, lorsqu'un seul cheval est attelé au véhicule. Les nombres de cette colonne sont calculés au moyen de l'équation (8) en y faisant $n = 1$.

La quatrième colonne indique *le temps* nécessaire pour le transport d'un quintal métrique à un kilomètre, lorsque l'on *double*, c'est-à-dire lorsque le conducteur, ayant au moins deux véhicules attelés chacun d'un cheval, met les deux chevaux à l'un des véhicules, et laisse l'autre en arrière pour venir le reprendre ensuite. Les nombres de cette colonne comprennent non-seulement le temps donné par l'équation (8) lorsqu'on y fait $n = 2$, mais encore *le temps* qui est nécessaire pour ramener les chevaux au véhicule laissé en arrière. Pour estimer *cette dernière partie du temps*, nous observerons que, lorsqu'un cheval marche librement en descendant une rampe, le tirage fictif donné par l'équation (3) ci-dessus devient négatif, et alors le cheval se trouve dans la même position que si, marchant en plaine, il éprouvait un tirage en avant; ce tirage en avant le fatiguerait beaucoup plus qu'un tirage ordinaire de même force. N'ayant point de données expérimentales sur cet objet, nous avons supposé que cet excès de fatigue équivalait au double de son tirage fictif, et nous avons pris $t = 2 p h$. Cette valeur de t, substituée à la place de T dans l'équation (1), nous donne la valeur de D, c'est-à-dire, le chemin journalier qu'un cheval peut parcourir en descendant librement une rampe, et $\frac{1}{PD}$ donne le temps du retour du cheval relatif à l'unité de poids et de distance. C'est *ce temps* qui, ajouté à celui calculé au moyen de l'équation (8), nous donne les nombres de la quatrième colonne.

La cinquième colonne, enfin, donne *le temps* relatif au cas où l'on *triple*, c'est-à-dire, à celui où le conducteur ayant au moins trois véhicules attelés chacun d'un cheval, les met tous trois au même véhicule, et revient chercher successivement les deux autres. Nous avons appliqué ici les mêmes considérations que ci-dessus pour calculer les nombres de cette colonne. Le temps pour le retour des chevaux vers les véhicules laissés en arrière, est

$\frac{2}{PD}$ pour le quintal et l'unité de distance.

Le second tableau (*page* 62), que nous timbrerons (C), fait connaître pour chaque nature de route et chaque chargement *le temps* nécessaire pour le transport d'un quintal métrique à un kilomètre, en descendant depuis la pente $0^m,00$ jusqu'à celle pour laquelle il faut enrayer, pente que nous avons vu être $\dfrac{mP}{P+np}$.

Ce tableau offre, comme le premier, quatre subdivisions, et pour chacune trois colonnes, dont la première indique *les chargemens*, qui varient toujours de 400 à 2,000ᵏ; la seconde colonne indique *les pentes* correspondantes à chaque chargement, et inférieures à celle pour laquelle il faut commencer à enrayer; la troisième colonne indique *le temps*.

Les calculs ont été faits au moyen des équations (1), (6) et (8), dans lesquelles on a fait $n = 1$, car il est inutile de s'occuper ici des cas où l'on *double*, *triple*, etc., attendu que cela n'a jamais lieu dans les descentes.

Le troisième tableau enfin (*page* 64), que nous timbrerons (D), est relatif *au temps* nécessaire pour transporter un quintal métrique à un kilomètre de distance, en descendant une rampe pour laquelle il faut enrayer. Nous supposons que l'on donne à l'enrayage le degré d'intensité nécessaire pour que le tirage réel du véhicule soit égal au tirage fictif du cheval; ce dernier tirage étant négatif, le cheval se trouve alors dans la même position que s'il parcourait librement une route en plaine.

Lorsqu'un cheval marche librement en plaine, il peut parcourir dans sa journée une distance de 70 kilomètres : $\frac{1}{70}$ sera donc *le temps* nécessaire pour transporter à un kilomètre le véhicule et son chargement, et par conséquent $\frac{1}{70P}$ sera *le temps* nécessaire pour transporter un quintal métrique à un kilomètre. Ce dernier tableau donne, dans une première colonne, les diverses valeurs du chargement P, depuis 400ᵏ jusqu'à 2,000ᵏ, et, dans une seconde colonne, les valeurs correspondantes de $\frac{1}{70P}$.

Au moyen des trois tableaux ci-dessus, nous pouvons résoudre tous les problèmes de roulage, non d'une manière directe, il est vrai, mais par une suite de tâtonnemens qui n'offrent point de difficultés de calculs.

Détermination des pentes les plus avantageuses à donner au tracé des routes en pays de montagnes.

Supposons, par exemple, qu'il s'agisse de déterminer la pente la plus avantageuse à donner au tracé *d'une route de première classe* qui devrait franchir une montagne ou une suite de montagnes, dont la hauteur ou la somme des hauteurs serait d'un kilomètre; on fera divers essais, tant sur la pente de $0^m,10$ qui donne, pour le développement de la route, 10 kilomètres à la montée et 10 kilom. à la descente, que successivement sur les pentes de $0^m,09$, $0^m,08$, etc. *Le temps* nécessaire pour le transport d'un quintal métrique sur cette longueur de route sera donné par les tableaux (B) et (D), ainsi qu'il suit :

		kilog.	jour.	
1°. Sur la pente de $0^m,10$, on a	pour le chargement de	400	0,137	
	Id.	500	0,132	......Minimum.
	Id.	600	0,134	
2°. Sur la pente de $0^m,09$, on a	Id.	500	0,132	
	Id.	600	0,130	......Minimum
	Id.	700	0,135	
3°. Sur la pente de $0^m,08$, on a	Id.	500	0,136	
	Id.	600	0,129	......Minimum.
	Id.	700	0,131	
4°. Sur la pente de $0^m,07$, on a	Id.	600	0,132	
	Id.	700	0,131	......Minimum.
	Id.	800	0,133	

Or, on voit par ce tableau que le *minimum* absolu de *temps* correspond à la pente $0^m,08$, avec un chargement de 600 kilogrammes.

De semblables calculs sur les diverses natures de routes donneraient les résultats suivans :

Route de 1re. classe, pente 0,08, avec un chargement de 600 kilog.

Id. de 2e. classe,	Id.	0,10,	Id.	500
Id. de 3e. classe,	Id.	0,10,	Id.	450
Id. de 4e. classe,	Id.	0,10,	Id.	400

Ainsi, lorsqu'on a seulement à franchir une montagne ou une suite de montagnes, on voit par ce qui précède que des pentes fortes sont très-avantageuses avec des chargemens faibles; mais il n'arrive presque jamais que l'on ait, dans une route, une suite de montagnes à franchir sans parcourir en même temps, d'une montagne à l'autre des parties de route en plaine, et l'on sent fort bien que cette circonstance doit apporter des modifications aux résultats ci-dessus. Il est évident, en effet, que plus la partie de route en plaine sera longue par rapport à la somme des hauteurs verticales des montagnes à gravir, plus on devra diminuer les pentes dans les parties de routes qui doivent franchir ces montagnes. Cela se trouve vérifié par des calculs analogues à ceux ci-dessus, calculs que nous avons consignés dans un cinquième tableau (*page* 64) que nous timbrerons (E), et que nous avons divisé en six colonnes :

La première indique *la nature* de la route; la seconde *le rapport* des longueurs horizontales aux hauteurs verticales; la troisième *la longueur* de la partie de route en plaine, par rapport à celle en pente, représentée toujours par l'unité dans la colonne suivante; la cinquième colonne indique *les pentes* à franchir, et la sixième *les chargemens* les plus convenables.

Dans ce tableau on s'est donné les pentes en nombre rond, de même que dans les tableaux précédens; on a cherché, par le tâtonnement, quel devait être le rapport entre la partie en plaine et la somme des hauteurs verticales, pour que ces pentes fussent les plus avantageuses; puis on en a déduit la longueur de la partie en plaine, par rapport à celle en pente. On est parti, pour chaque classe de route, du cas où toute la route est en pente, cas pour lequel la meilleure pente et le meilleur chargement étaient donnés par les trois tableaux ci-dessus. On a fait ensuite décroître les pentes, de cen-

2

timètre en centimètre, jusqu'à celle passé laquelle on arrivait à un chargement tel, que le tirage en plaine devenait plus fort que celui trouvé pour le *maximum* de quantité d'action journalière du cheval. Là nous devions, en effet, nous arrêter, car passé ce terme il y aurait eu perte de quantité d'action dans le parcours de la partie en plaine, en même temps qu'il y a perte de quantité d'action dans la montagne, par suite du fort chargement. Les limites auxquelles nous sommes ainsi parvenus, prouvent que la limite inférieure des pentes à donner au tracé d'une route en pays de montagnes, est de $0^m,03$ pour les meilleures routes, et de $0^m,05$ pour les plus mauvaises, dans la supposition, toutefois, que l'on ne *double* point dans les montées. Nous allons examiner actuellement les modifications apportées dans ces résultats par la supposition du *doublage*.

Prenons pour exemple le cas où la longueur de la route en plaine du tableau (E) étant de 267 kilomètres, on aurait en outre à franchir une montagne d'un kilomètre de hauteur. Ce même tableau fera voir que si la route est de troisième classe, $0^m,04$ sera la pente la plus avantageuse à donner à la partie de route tracée sur les flancs de la montagne; alors la longueur totale de la route est de 317 kilomètres, savoir : 267 kilomètres en plaine, 25 kilomètres en montée, et 25 kilomètres en descente. *Le temps* relatif au transport d'un quintal métrique sur toute cette longueur de route, est de $0^{jour},896$ de cheval, d'après les tableaux (B) et (D); le poids du véhicule et de son chargement étant de 1,200 kilogrammes.

Si nous portons à $4^{fr},00$ le prix de la journée d'un cheval de roulier, conducteur compris, le prix du transport d'un quintal métrique reviendra, sur cette route et lorsqu'on ne *double* pas, à $3^{fr},58$.

Mais si le roulage est organisé à la franc-comtois, c'est-à-dire, de manière à pouvoir *doubler* dans les mon-

tées, on trouve que la pente la plus avantageuse à donner
à la partie de la route tracée sur la montagne, est de
o^m,08; alors le développement total de la route est réduit à 292 kilomètres, savoir : 267 en plaine, 12,50 en
montée, et 12,5o en descente. *Le temps* relatif au transport du quintal métrique sur cette longueur de route,
est seulement de o^{jour},848 de cheval, ce qui fait ressortir
le prix du transport du quintal métrique à 3$^{fr.}$,39.

Il résulte de là que l'emploi de la pente de o^m,08, dans
le tracé de la route que nous considérons, est avantageux au roulier, quoiqu'on ne le fasse point contribuer
aux frais, soit d'entretien de la route, soit des intérêts
de la mise de fonds pour sa construction. Le bénéfice qu'il
fait par quintal métrique de transport est de o$^{fr.}$,19. Si
on établissait un péage pour couvrir les frais dont nous
venons de parler, le bénéfice serait encore bien plus
grand pour lui, ainsi qu'on va le voir :

En estimant à 15,000 fr. le prix de construction d'un kilom. de route,
et à 510 fr. ses frais d'entretien ,

Supposant en outre qu'il passe annuellement mille voitures à un cheval
sur la route, on pourra calculer comme il suit, les frais de péage par
kilomètre et par cheval :

Intérêts de 15,000 fr. de mise de fonds, ... 750 fr.
Frais d'entretien annuel par kilomètre. 510

Total de la dépense annuelle par kilomètre. . . 1,260 fr.

Répartissant cette somme sur mille voitures, chacune
devra payer 1$^{fr.}$,26 par kilomètre qu'elle parcourra, et si
elle pèse avec son chargement 1,200 kilogrammes, le
péage par kilomètre et par quintal métrique devra être
de o$^{fr.}$,105.

Faisant l'application de ces diverses données aux deux
routes que nous considérons, on trouve que, pour celle
à pente douce, les frais de roulage se composent :

1°. o^{jour},896 de cheval à 4$^{fr.}$,oo. . . . . 3$^{fr.}$,58
2°. 317 kilomètres de route à o$^{fr.}$,105 de péage. . . . . . 33$^{fr.}$,29

TOTAL. . . . . . . 36$^{fr.}$,87

2.

Et pour la route à forte pente, les frais sont :

1°. 0jour,848 de cheval à 4$^{\text{fr.}}$,00. . . . .   3$^{\text{fr.}}$,39
2°. 292 kilomètres de route, à 0$^{\text{fr.}}$,105 de péage. . . . . .   30$^{\text{fr.}}$,66

TOTAL. . . . .   34$^{\text{fr.}}$,05

Si donc le roulage avait à payer les frais d'entretien et l'intérêt de la mise de fonds pour la construction des routes, il y aurait un bénéfice de 2$^{\text{fr.}}$,82 par quintal métrique à faire les transports sur la route à forte pente. Or que ces frais soient supportés par le roulage ou par l'état, les résultats sont les mêmes pour la société.

Cet aperçu suffit pour montrer combien il est plus important, dans l'administration de nos routes, de s'occuper de leur entretien en bon état, que d'employer une grande partie des fonds qui y sont consacrés annuellement à changer le tracé des parties qui offrent des pentes rapides.

Détermination des chargemens les plus avantageux.

Ce problème, ainsi que le précédent, ne peut se résoudre que par des tâtonnemens mais ne demandera encore que des calculs fort simples. Supposons, par exemple, qu'on veuille chercher quel serait le chargement le plus avantageux à employer sur une route composée de 10 kilomètres en plaine, 25 kilomètres en rampe de 0^{m},05, et 20 kilomètres en descente de 0^{m},04. On prendra un chargement à volonté et on calculera, au moyen des trois tableaux dont il a été parlé ci-dessus, *le temps* nécessaire pour le transport d'un quintal métrique sur chaque partie de route ; la somme donnera *le temps total* nécessaire. On répétera les mêmes calculs pour d'autres chargemens, et celui de tous qui donnera le *minimum de temps* sera le chargement le plus avantageux.

Des matériaux qu'on emploie sur les routes.

On doit choisir pour l'entretien des routes les matériaux les plus durs et les plus résistans, ceux qui sont à l'air les moins susceptibles de décomposition, et qui, brisés et décomposés, donnent la terre la moins argileuse, la moins pénétrable à l'humidité et la moins grasse.

Mais on n'a pas toujours le choix de ceux-ci; dans ce cas n'est-il pas évident que si vous diminuez les poids de chargemens vous augmentez d'autant la dureté relative de ces matériaux, et que vous obtenez par là les mêmes bons effets que si ceux-ci étaient de la meilleure qualité?

Les matériaux le plus généralement employés dans la construction des routes de France peuvent être divisés en pierres siliceuses, feldspathiques, amphiboliques et calcaires.

Les roues d'une voiture agissant sur les routes par pression et par choc, le maximum de résistance que chacune de ces sortes de pierres peut opposer à ces deux actions est important à connaître pour fixer le maximum de poids que l'on devra permettre aux voitures de transporter. Comme d'ailleurs les effets du choc, qui provient des aspérités du chemin, sont beaucoup plus destructeurs que ceux de la pression, il suffirait, pour la détermination de ce plus grand poids de chargement, de dresser un tableau des chocs sous lesquels commencent à se briser ces matériaux. Connaissant la plus grande hauteur h des inégalités qui peuvent se trouver sur une route, le choc produit par le poids P tombant de cette hauteur, serait alors proportionnel à $P\sqrt{2gh}$; et, cette quantité ne devant pas dépasser le plus petit des chocs du tableau, on connaîtrait ainsi la plus grande valeur à donner au chargement P. Malheureusement les résistances au choc des divers matériaux employés ne sont pas encore connues; les résistances à la pression ont seules été déterminées par des expériences, et c'est sur ces dernières qu'on est obligé de s'appuyer pour fixer le maximum de chargement des voitures.

Nous donnons, d'après les expériences citées par

M. Navier (*), ces résistances à la pression sur des cubes
de 5 centimètres de côté, secs, taillés et portant exactement sur toutes leurs faces ; nous indiquons ensuite la
réduction *au dixième* de ces résistances, comme la limite
à laquelle il convient de s'arrêter dans la pratique, attendu que les pierres employées sur les routes étant cas-
sées irrégulièrement, jetées au hasard et saturées d'eau,
elles cèdent à des pressions beaucoup plus faibles que
celles données par l'expérience, et qu'il faut en outre
tenir compte des chocs qui se produisent sur des routes
raboteuses.

Noms des roches.	Maximum du poids supporté.	Réduction au dixième.
Porphyre.	50,000 kil.	5,000 kil.
Grès.	20,000	2,000
Granit.	16,000	1,600
Quartz.	12,000	1,200
Calcaire.	8,000	800
	2,000	200

Il résulte de ce tableau que la plus petite résistance des
pierres généralement employées étant de 2,000 kilogrammes, le poids 200 kilogrammes est le plus fort que
l'on doive faire porter aux voitures sur une surface de
$0^{m. quar.},25$.

Examinons maintenant les matériaux des routes sous le
rapport de leur disposition respective à la décomposition.
A cet égard tout le monde reconnaîtra avec nous que ceux-
là doivent être préférés qui sont les moins altérables à
l'air ; et que quant à la nature de la terre qu'ils produisent
en se désagrégeant, d'une part, plus cette terre sera
argileuse, plus elle attirera l'humidité et contribuera à
la détérioration de la chaussée ; et d'une autre part, plus
elle sera grasse et compacte, plus aussi elle opposera d'ef-
forts à la roue qui tendra à y faire ornière, et plus par
conséquent elle absorbera de la force du moteur.

(*) *Résumé des leçons données à l'École des ponts et chaussées*, 1826,
1re. partie, *pag.* 5 *et suiv.*

Les pierres siliceuses ont pour caractère d'être plus dures que le verre et l'acier, d'étinceler sous le choc du briquet, d'être infusibles au chalumeau et inattaquables par les acides; composées presqu'entièrement de silice, elles sont indécomposables à l'air et se réduisent par la pression en un sable sec et maigre qui forme des routes excellentes.

Trois variétés sont employées : la première est le quartz hyalin ou cristal de roche, transparent, à cassure vitreuse, qui se trouve en amas ou filons dans les terrains anciens. On doit ne se servir que de celui qui a la texture compacte et ne pas employer le quartz fibreux, car celui-ci est toujours plus ou moins friable.

La deuxième variété est le quartz silex qui est translucide ou même opaque et de cassure conchoïdale ou plate. Celui-ci forme des couches minces dans les terrains de calcaire secondaire; il abonde dans la Vienne et la Charente, aussi la route de Paris à Bordeaux présente-t-elle, dans ces départemens, l'aspect d'une allée de jardin.

Enfin la troisième variété est le quartz arénacé ou grès. Celle-ci est principalement formée de grains de quartz hyalin réunis entre eux par un ciment, cette pierre peut d'ailleurs être de nature homogène ou mélangée. Dans la première classe sont les grès composés de grains cristallins ou arrondis de quartz, réunis par juxta-position ou liés entre eux par un ciment siliceux; dans la seconde, sont les grès feldspathiques, calcaires et argileux; les premiers sont évidemment préférables aux seconds, et parmi ces derniers, ceux dont le ciment est argileux sont les moins favorables de tous; ces derniers grès se trouvent dans les terrains secondaires et tertiaires.

Les pierres feldspathiques ont pour principe dominant le feldspath, substance à tissu lamelleux ou compact, dont la dureté est presque égale à celle du quartz et qui a la propriété de fondre au chalumeau en un émail blanc ou peu coloré. Ajoutons que le feldspath est un composé de silice, d'alumine et de potasse, qu'exposé à l'air il s'y décompose assez facilement, perd son principe alcalin et donne l'argile *kaolin* qui est infusible et maigre; et nous en conclurons que ce genre de roche doit donner de moins bonnes routes que la roche siliceuse.

Les pierres feldspathiques employées sont des porphyres et des granits.

Les porphyres sont essentiellement composés d'une pâte de feldspath compact empâtant des cristaux de feldspath lamelleux; ils tiennent souvent en outre des grains de quartz hyalin, ils sont fusibles en émail grisâtre, généralement durs et difficiles à briser, mais toujours décomposables à l'air, et se réduisant alors en une terre argileuse qui fait difficilement pâte avec l'eau; les porphyres ne doivent d'après cela former que des routes médiocres, on les trouve en filons, souvent très-puissans dans les terrains primitifs.

Le granit est une roche composée de feldspath, de quartz et de mica; il offre d'autant moins de résistance que le quartz est plus rare et le mica plus abondant, et est d'autant plus décomposable que l'agrégation des grains qui le composent est plus lâche et que le feldspath a plus d'aptitude à s'altérer. On doit donc choisir les variétés les plus quartzeuses, celles dont le grain est le plus serré et dont le feldspath est le plus éclatant. Le détritus de cette roche consiste principalement en sable siliceux, l'argile kaolinique produite par le feldspath étant en grande partie emportée par les eaux; il en résulte que par l'emploi des granits résistans on doit obtenir généralement de meilleures routes qu'avec le porphyre.

Les pierres amphiboliques sont caractérisées par une substance verte ou noire à laquelle on a donné le nom d'amphibole et qui est composée généralement de silice, de chaux, de magnésie et d'oxide de fer. Cette substance est à tissu très-lamelleux et très-éclatant, elle donne difficilement des étincelles au briquet, fond en verre noir, et se convertit à l'air en une terre plus ou moins grasse qui donne une route plus ou moins tirante et ordinairement de mauvaise qualité; quelquefois l'amphibole constitue à elle seule la roche, le plus souvent elle est mélangée de feldspath, cette dernière sorte se présente soit avec la structure granitoïde, soit avec la structure schisteuse; dans le premier cas, la roche prend plus particulièrement le nom de syénite, et forme des masses solides et assez dures qui se désagrégent et se décomposent à l'air à la manière des granits; dans le second cas, la roche se présente en couches plus ou moins puissantes, elle offre une cassure droite unie ou raboteuse, a une très-grande ténacité et se décompose aisément, de même que toutes les roches qui contiennent une partie notable de feldspath.

Les pierres amphiboliques se trouvent dans les terrains primitifs et de transition.

Enfin *les pierres calcaires*, les derniers de tous les matériaux à employer sur les routes par suite de leur peu de résistance et de la propriété hygrométrique de la terre qu'ils produisent, ont pour caractère d'être rayées par l'acier, d'être solubles avec effervescence dans un acide et réductibles en chaux par la calcination. Les meilleures de toutes les pierres de cette nature paraissent être les calcaires siliceux, mêlés de grains de quartz visibles ou de particules quartzeuses très-atténuées; ensuite viennent les calcaires purs à structure compacte, à grain fin et homogène et à cassure inégale et plate, puis enfin les calcaires argileux.

DEUXIÈME SECTION. — DES VOITURES.

Détérioration des routes par les roues.

Les roues dégradent les routes en raison de leur poids,

de leur largeur de jantes et de leur vitesse; cette dégradation a lieu par frottement et par pression ou par choc.

Toute roue à jante étroite ne produit sur le terrain qu'un frottement de deuxième espèce qui provient de la superposition successive des différentes parties de sa circonférence sur celles de la voie, et l'effet peut en être considéré comme nul sur la route; si au contraire la jante est large et que la roue se meuve sur une route unie ou raboteuse, elle oscille alors ou décrit des segmens circulaires, et de là un frottement glissant ou de première espèce qui déchire ou écrase les matériaux en raison du poids dont la roue est chargée. Aucune expérience n'a d'ailleurs été entreprise jusqu'ici pour faire connaître à ce sujet les divers degrés de destruction des corps frottés.

L'effet produit par la pression d'une roue parcourant une route unie dépend du poids dont cette roue est chargée, de la résistance des matériaux qui composent la route, et de la nature de cette route; si le poids de chargement est tel qu'il ne dépasse pas le poids *maximum* que les matériaux sont dans le cas de supporter sans se briser, la roue ne produira d'autre effet que d'arrondir les angles et arêtes de ces matériaux, et la détérioration de la route sera la moindre possible. Si ce poids est plus grand et la roue à jante étroite, elle brisera tous les matériaux qu'elle rencontrera et formera ornière, tandis que si on répartit ce poids sur un espace plus grand de la route au moyen d'une roue à jante large, on pourra diminuer la pression sur chaque point, de manière à ne pas lui faire dépasser le *maximum*. Dans le cas où le poids est très-fort, la dégradation est d'ailleurs d'autant plus sensible que la route est plus dure et moins élastique. Elle sera très-grande sur une route en cailloutis avec fondation en grosses pierres, et beaucoup moindre sur une route à la Mac-Adam, où les matériaux peuvent céder sans se briser sous la compression.

La roue se mouvant sur une route raboteuse, mal entretenue ou mal construite, elle rencontre à chaque instant des obstacles contre lesquels elle vient frapper, qu'elle surmonte avec peine, et du sommet desquels elle retombe ensuite sur la route avec une force proportionnée à son poids et à la hauteur de l'obstacle. Ces ressauts continuels rendent l'action des roues très-destructive des chaussées. Il est donc très-important, pour les prévenir, de faire les routes aussi dures et aussi unies que possible; dans le cas où on ne peut éviter que la route présente un grand nombre d'inégalités, il y a d'ailleurs avantage à faire porter la charge sur des ressorts, car ces ressorts convertissant toutes les percussions en une simple augmentation de pression, il en résulte moins d'action tendant à briser les matériaux de la route. A vitesse égale, l'effet destructeur d'une roue sur une chaussée est d'autant plus considérable que le poids dont elle est chargée est plus lourd, et cet effet croît dans un bien plus grand rapport que les pressions qui y donnent lieu. Un fort chargement, par exemple, défonce les empierremens et bouleverse les pavés, tandis qu'un chargement modéré, quelque multiplié qu'il soit, n'a presqu'aucun effet; de là donc la loi que l'on doit s'imposer de proscrire les chargemens considérables.

Quant à l'influence de la vitesse il semble, qu'à poids égal, sur un plan bien dressé, l'effet destructeur d'une roue doive être d'autant moindre que la vitesse est plus grande, car dans ce cas la durée de l'action est moindre; tandis que sur les routes raboteuses et mal entretenues, l'effet destructeur doit augmenter avec la vitesse, en raison de l'intensité des chocs qui se produisent. Ces aperçus, auxquels conduit le raisonnement, sont en effet confirmés par la pratique. Ainsi des expériences faites en 1816, par une commission d'ingénieurs, ont donné les résultats suivans :

1°. Sur les chaussées en empierrement ou en gravelage en bon état, une voiture menée au trot fait moins de mal que menée au pas; elle en fait plus, au contraire, quand ces chaussées sont en mauvais état d'entretien.

2°. Sur les chaussées en pavé d'échantillon, les effets immédiats du pas et du trot n'ont pas pu être distingués; cependant le pas paraît préférable, en ce qu'il ne produit pas de fortes commotions qui ébranlent et détériorent à la longue les chaussées les plus solides.

3°. Les chaussées pavées en blocages ou en pierres irrégulières, offrant le plus d'inégalités et d'aspérités, sont celles où le trot est le plus nuisible relativement au pas; on doit remarquer que sur les chaussées de ce genre la vitesse est encore moins dangereuse pour la route que pour les voitures, les secousses brusques fatiguant extrêmement les véhicules.

Des résistances au mouvement des roues.

Les résistances au mouvement d'une roue sont de deux sortes. Les premières, qui ont lieu au centre de la roue, résultent du frottement des surfaces de l'essieu et du moyeu; et les secondes, qui se produisent à la circonférence de la roue, résultent des inégalités du terrain et de la pénétration ou de l'enfoncement de la roue dans les matériaux de la route.

La première espèce de résistance, due au contact de surfaces bien polies et bien graissées, est toujours une très-petite fraction du poids. Cette résistance est indépendante de l'étendue des surfaces et de la vitesse du mouvement; elle est vaincue par la roue avec un avantage proportionné au rapport qui existe entre le rayon de la roue et celui de l'essieu, considérés chacun comme levier; elle n'absorbe donc, en définitive, qu'une très-petite partie de la force du tirage des chevaux. Les voitures bien construites ont des essieux en fer, dont les fusées bien polies sont reçues dans des moyeux garnis de boîtes en fonte, qui se meuvent à frottement doux et bien égal; ce frottement ne doit pas dès lors être évalué ici à plus de $\frac{1}{10}$ du poids ou chargement. Le rapport des rayons du moyeu et de la roue dans les voitures à deux roues étant d'ailleurs ordinairement égal à $\frac{1}{20}$, il s'ensuit que le frottement au moyeu exige de la force de tirage un effort égal à $\frac{1}{10} \times \frac{1}{20}$ P. $= \frac{1}{200}$ P, et comme le tirage total sur une bonne route en cailloutis est moyennement de $\frac{1}{25}$ P, on voit que la résistance au moyeu n'équivaut le plus habituellement qu'au $\frac{1}{8}$ de la force de tirage.

La deuxième espèce de résistance, celle à la circonférence de la roue, serait nulle si la roue, parfaitement cylindrique et à jante parfaitement polie, roulait sur un chemin très-dur et très-uni; mais les roues ne sont point parfaitement cylindriques, les routes sont compressibles ou raboteuses, et ces diverses causes font que la roue éprouve des glissemens sur le sol et trouve des obstacles à son mouvement.

Le frottement de glissement des roues provient de ce que les roues attachées au même essieu, parcourant des routes raboteuses, ne peuvent avancer également qu'au moyen du glissement de quelques-unes de leurs parties.

Il est bien vrai que toute roue cylindrique, qui tend à se mouvoir en rond, exerce autant de frottement qu'une roue conique qui s'avance en ligne droite, et les expériences faites en Angleterre sur ces dernières ont prouvé que le frottement, dans ce cas, augmentait seul de moitié la force de tirage qui serait nécessaire pour traîner la même voiture avec des roues cylindriques, mais nous observerons qu'ici l'effet du glissement de la jante sur le sol est continu, tandis que dans le cas des roues cylindriques, ce glissement n'a lieu que par intervalles, qui sont d'autant plus éloignés que la route est mieux construite.

Le chemin que parcourt une roue étant de nature compressible, si cette route est élastique et qu'elle se relève après le passage de la roue, de la même quantité dont elle s'était abaissée sous elle, il est évident qu'il n'y aura aucune perte de force, quel que soit d'ailleurs le poids dont cette roue soit chargée. En effet, par l'enfoncement de la voie sous la roue, celle-ci perdra bien une quantité d'action égale à celle nécessaire pour produire cet effet; mais par le relèvement de la partie de la voie que la roue ne fait que de quitter, la même quantité d'action lui sera restituée. Par cette raison, les routes à la Mac-Adam, qui jouissent de la propriété d'être les plus unies et les plus élastiques, doivent offrir de grands avantages sur toutes les autres, et on ne doit pas s'étonner qu'on ait reconnu qu'elles exigent environ $\frac{1}{4}$ moins de force de tirage.

Les routes compressibles et non élastiques, telles que nos routes ordinaires lorsqu'elles sont parcourues par des voitures pesamment chargées, occasionnent au contraire un grand empêchement au mouvement des roues, puisqu'elles font perdre à celles-ci toute la quantité d'action qu'exige la formation de l'ornière au sein des matériaux de la route. Remarquons à ce sujet que les parties du sol que la roue brise ou comprime, à mesure qu'elle avance, peuvent être considérées comme opposant à sa circonférence une suite de pressions qui varient avec la profondeur de ces parties par rapport à la surface primitive de la route.

Si donc on pouvait, dans chaque cas, déterminer le point d'application de la résultante de toutes ces pressions, la résistance au mouvement de la roue, provenant de la compressibilité du sol, serait alors facile à calculer, puisqu'elle aurait le même effet que si la roue était obligée de franchir constamment un obstacle d'une hauteur connue, savoir celle même du point d'application de la résultante, et on sait qu'alors le rapport de la force de tirage T au poids du chargement P est donné par l'équation $T = P \sqrt{\dfrac{2h}{R}}$, h étant la hauteur de l'obstacle et R le rayon de la roue.

Pour déterminer cette résultante, il faudrait connaître la loi de variation des enfoncemens d'une roue suivant les poids dont elle est chargée et suivant la nature du sol sur lequel elle se meut, ainsi que la loi de variation des pressions qu'opposent à sa circonférence les diverses couches de matériaux dont le brisement ou l'enfoncement produit l'ornière. Pour rechercher la première de ces lois sur un sol argileux, nous avons fait préparer dans un champ un emplacement, dont la terre bêchée à un pied de profondeur, battue et damée, présentait une surface unie et homogène. Nous avons fait passer dessus à plusieurs reprises et dans des voies différentes, un tombereau à 9 centimètres de jantes et à deux chevaux, que nous chargions successivement de divers poids. A chaque fois nous mesurions aussi exactement que possible la profondeur de l'ornière produite, et nous avons pu ainsi dresser le tableau suivant, duquel il résulte que ces profondeurs croissent proportionnellement aux poids ajoutés.

Poids du tombereau.	kilogrammes.	Profondeur de l'ornière.
Vide.	587	0,006
1er. poids ajouté.	250	0,008
2e. Id.	500	0.010
3e. Id.	750	0,012
4e. Id.	1,000	0,014
5e. Id.	1,250	0,016
6e. Id.	1,750	0,020

Quant à la loi de variation des pressions exercées par les parties du sol dans lequel s'enfonce la roue, nous l'aurions également déduite des expériences précédentes, si nous avions su dans chaque cas quelle était la force du tirage des chevaux, car en extrayant à chaque fois de la force totale du tirage celle employée à vaincre le frottement au moyeu, nous aurions eu les forces de tirage dues à l'enfoncement des roues dans le sol, et nous aurions vu en les comparant comment ces forces variaient avec les profondeurs d'ornières; mais nous n'avions malheureusement aucuns moyens de déterminer les forces de tirage des chevaux. Dans l'impossibilité où nous nous trouvions à cet égard, nous avons pris le parti de faire diverses suppositions sur les pressions exercées contre la roue par les matériaux de la route. Nous avons observé qu'elles doivent être nulles pour la couche qui est à la surface du sol, et qu'elles doivent être d'autant plus fortes pour les autres couches que celles-ci se trouvent plus près du fond que doit atteindre l'ornière. Nous avons supposé alors que ces pressions variaient proportionnellement à l'angle ou proportionnellement au carré de l'angle formé par le rayon de l'élément considéré et par le rayon de la partie supérieure de l'ornière. Ces premières données admises nous avons pu dans chaque cas déterminer la formule qui exprime le rapport existant entre la force de tirage et le chargement.

Appelant a l'arc embrassé par la partie du sol que la roue comprime, α l'arc compris entre la partie supérieure de l'ornière et l'élément considéré, r le rayon de la roue et m le coefficient constant par lequel l'angle de l'arc doit être multiplié pour avoir, dans le premier cas, la pression exercée contre l'élément; αr sera la valeur de l'angle dont l'arc est α, $m\alpha r$ la pression exercée au point considéré, et $mr\alpha.d\alpha$ cette pression sur un élément infiniment petit de l'arc a. Les composantes horizontale et verticale de cette pression, supposée normale, seront exprimées la première par $mr\alpha.d\alpha$. sin. $(a-\alpha)$ et la seconde par $mr\alpha.d\alpha$. cos. $(a-\alpha)$; et la somme des composantes horizontales et verticales de tous les élémens dont se compose l'arc a seront les intégrales de ces expressions, prises depuis $\alpha=o$ jusqu'à $\alpha=a$. Considérant ensuite que l'équilibre existe à chaque instant entre la somme des pression s sur l'arc a, le tirage T et le poids P dont la roue est chargée, on devra avoir la somme des composantes horizontales des pressions égales à T, et la somme des composantes verticales égales à P; établissant donc ces deux équations et les divisant l'une par l'autre, on arrive à une première valeur de $\frac{T}{P}$ qui est : (*)

$$\frac{T}{P} = \frac{a - \sin. a}{1 - \cos. a} \qquad (9).$$

Les mêmes considérations appliquées au second cas, celui où les pressions varient proportionnellement au quarré de l'angle, on arrive à une deuxième valeur de $\frac{T}{P}$ qui est (*) :

$$\frac{T}{P} = \frac{a^2 - 2(1 - \cos. a)}{2(a - \sin. a)} \qquad (10).$$

Appliquons maintenant chacune de ces formules aux expériences du tombereau rapportées ci-dessus.

Soit P le poids de ce tombereau vide,

e la profondeur d'ornière correspondante,

p le poids de 250 kilogrammes successivement ajouté,

Et 0^m,002 l'enfoncement produit par l'addition de ce poids.

L'enfoncement E répondant au poids quelconque P $+ np$ sera, conformément aux expériences citées, exprimé par :

$$E = e + 0^m,002. n.$$

Cet enfoncement est d'ailleurs égal au sinus verse de l'arc a dans le cercle du rayon r.

On a donc : $E = r(1 - \cos. a)$.

(*) *Voir* à la fin de ce mémoire (*page* 65), la note (F), relative à la détermination des rapports $\frac{T}{P}$.

D'où cos. $a = 1 - \dfrac{E}{r}$,

r ou le rayon du tombereau étant égal à $0^m,83$.

De cette expression on tirera pour chacune des expériences la valeur de cos. a, ou on déduira celle de sin. a ainsi que la valeur en mètres de l'arc a; ces valeurs mises ensuite dans les formules ci-dessus donneront pour chaque cas le rapport $\dfrac{T}{P}$, et on peut former de la sorte le tableau suivant qui montre que, dans l'une et l'autre loi de variation, ce rapport augmente avec le chargement; d'où résulte l'avantage qu'il y a, pour l'économie du roulage, à ne faire usage que de petits chargemens sur des routes compressibles et non élastiques.

POIDS du tombereau vide.	POIDS ajoutés.	POIDS TOTAL.	PROFONDEUR de l'ornière.	VALEUR de $\dfrac{T}{P}$ d'après la formule $\dfrac{a - \sin. a}{1 - \cos. a}$.	VALEUR de $\dfrac{T}{P}$ d'après la formule $\dfrac{a^2 - 2(1-\cos. a)}{2(a - \sin. a)}$.
kilog.	kilog.	kilog.	mèt.	mèt.	mèt.
587	»	587	0,006	0,0401	0,0169
Ib.	1.250	837	0,008	0,0464	0,0321
Ib.	2.250	1.087	0,010	0,0520	0,0384
Ib.	3.250	1.337	0,012	0,0567	0,0454
Ib.	4.250	1.587	0,014	0,0613	0,0478
Ib.	5.250	1.837	0,016	0,0657	0,0524
Ib.	6.250	2.087	0,018	0,0696	0,0550
Ib.	7.250	2.337	0,020	0,0734	0,0571
Ib.	8.250	2.587	0,022	0,0770	0,0595

Si la route est raboteuse, il se produit une suite continuelle de chocs qui ont le double désavantage de diminuer instantanément la quantité d'action de la voiture et d'altérer la solidité et la durée de ce véhicule. Il faut alors employer des chevaux plus forts pour pouvoir tirer le même poids, et les roues, pour résister à toutes les secousses produites, doivent être très-solides et très-lourdes et par suite les chargemens utiles plus petits. Dans ce cas l'emploi des ressorts, que nous avons vus

être très-favorables à l'état de la route, n'est pas moins
avantageux à l'économie du roulage. Par eux en effet les
chocs sont amortis et les roues peuvent être plus légères,
par eux aussi la partie horizontale de la force qui eût
été perdue par le choc est conservée et sert au mouvement progressif de la voiture. Ces ressorts doivent donc
être recommandés sur les chemins mal entretenus et sur
les pavés en blocailles.

L'avantage des voitures montées sur ressorts a été con-
staté par une série d'expériences entreprises en Angleterre par M. Edgeworth et publiées à l'occasion d'une
enquête sur le roulage et l'état des routes, dont fut
chargé en 1808 un comité spécial de la chambre des
communes.

M. Edgeworth fit connaître alors que l'emploi des
ressorts sur une route raboteuse procurait un avantage
de $\frac{1}{3}$ en force de tirage, pour une vitesse de cinq milles
et demi ou 8$^{kilom.}$,8; le comité d'évaluation estima de
son côté que, dans la pratique, cet avantage équivalait
à la force d'un cheval sur quatre.

Dans l'hiver de 1829 à 1830, n'ayant encore aucune
connaissance des travaux de M. Edgeworth, nous en-
treprîmes à Limoges, une suite d'expériences sur les
résistances au roulage d'une voiture élastique ou non
élastique, parcourant une voie raboteuse ou unie, compressible ou non. Nos expériences constatent deux faits
remarquables : le premier consiste en ce que, quelque
soit le genre de la voiture, qu'elle soit élastique ou non,
le rapport de la force de tirage au chargement augmente
avec la vitesse et diminue avec le chargement, d'où il suit
qu'il y a économie pour le roulage à aller lentement et à
charger peu; le second fait, qui s'accorde assez avec les
résultats de M. Edgeworth, consiste en ce que l'avantage produit par l'élasticité est d'autant plus grand que
le chargement est plus fort et la vitesse plus grande,

3.

(du moins pour les petits chargemens), et que cet avantage varie entre $\frac{1}{4}$ et $\frac{1}{3}$ pour des vitesses de 0^m,50 à 1^m,50 par seconde ou de 2 à 5$^{kilom.}$,5 environ par heure.

Voici comment ont été faites ces expériences :

Dans une grande salle de la caserne, avait été préparée une voie horizontale pour servir au passage des roues, et pour recevoir les matières qui devaient composer le sol, la route, à expérimenter.

Sur cette voie nous faisions mouvoir un petit chariot composé d'une caisse destinée à porter les poids, et de deux brancards qui saillaient de part et d'autre, et pouvaient recevoir à différentes distances de la caisse les montans de deux essieux en fer, qui portaient quatre roues égales, en bois plein, avec bandes en fer poli et moyeux en cuivre.

Ce chariot était mis en mouvement par un poids suspendu à l'extrémité d'une ficelle qui passait sous une première poulie inférieure et sur une seconde poulie supérieure, l'une et l'autre faites en buis, avec axes en fer poli, portant sur des coussinets en cuivre. Ces poulies étaient placées à une des fenêtres du bâtiment, et la corde avait une descente de 7 mètres dans la cour.

Pour amener le mouvement du chariot à l'uniformité, on se servait d'un volant composé d'un axe en fer poli, que l'on réunissait à la poulie supérieure au moyen d'un manchon, et de quatre longs bras avec ailes quadrangulaires en fer-blanc (*).

· Le temps était compté au moyen d'un chronomètre,

(*) La voie horizontale, composée de planches bien jointes, avait 8 mètres de longueur et 0^m,3o de largeur, elle portait de côté et d'autre des rebords ou liteaux hauts de 0^m,o8 et présentait à droite et à gauche, par suite de l'élévation de la partie milieu, deux petits enfoncemens ou rigoles qui servaient au passage des roues et recevaient les matières qui devaient composer le sol ; des montans en bois, réunis par des traverses sous lesquelles roulait le chariot, étaient d'ailleurs disposés de mètre en mètre pour noter facilement le temps que la voiture mettait à parcourir

pouvant indiquer des cinquièmes de seconde, et qui permettait de noter les temps que le chariot mettait à parcourir les mètres successifs de la voie.

Avant de faire aucune expérience sur la marche du chariot, nous avions à déterminer les frottemens sur les axes des poulies, la raideur de la ficelle, et les résistances opposées par le volant.

Pour déterminer *les frottemens des axes des poulies*, nous avons fait passer sur la gorge de la poulie supérieure une corde aux deux extrémités de laquelle étaient fixés deux bidons en fer-blanc; chargeant l'un d'un poids

---

ces divers espaces, et s'assurer du plus ou moins de régularité de son mouvement.

Le chariot à quatre roues égales se composait de deux brancards, en bois de frêne, qui étaient longs de 0^m,80, larges de 0^m,05 et épais de 0^m,01 et que réunissaient à chaque extrémité deux traverses de même bois et épaisseur, et longues de 0^m,20. Sur le milieu de ces brancards était fixée une caisse en bois qui avait la largeur déterminée par l'écartement des brancards, une longueur de 0^m,20 et une hauteur de 0^m,20 ; de part et d'autre de cette caisse les brancards étaient percés, de centimètre en centimètre, de trous ronds destinés à recevoir le montant des essieux qu'on pouvait ainsi éloigner plus ou moins.

Le poids de la caisse et des brancards était de 1^k,864.

Les deux essieux en fer se terminaient par des fusées bien polies en forme de tronc de cône dont le plus petit diamètre était de 0^m,0130 et le plus grand de 0^m,0145 et qui portaient chacune un petit montant de fer qui s'engageait dans les trous des brancards. Le poids des deux essieux était de 0^k,843.

Les roues étaient pleines, formées en bois de frêne et hautes de 0^m,2005 ; elles portaient à leur circonférence des bandes de fer poli, et avaient, au centre, des moyeux en cuivre dont la longueur et les diamètres égalaient ceux des fusées des essieux qu'elles devaient recevoir. Le poids de ces quatre roues était de 3^k,273. En sorte que le poids total du chariot, y compris brancards, caisse, essieux et roues, était de 5^k,98.

Ce chariot était mis en mouvement par un poids suspendu à l'extrémité d'une ficelle qui avait une descente de 7 mètres dans la cour de la caserne ; cette ficelle, dont le poids du mètre courant était de 4 grammes, passait d'abord sur une poulie fixée au haut d'une des fenêtres latérales de la chambre et portant sur son axe un volant, puis sous une autre poulie placée au bas de la même fenêtre et au même niveau que le train du chariot.

Ces poulies étaient en buis de 0^m,02 d'épaisseur et avaient des axes

P et l'autre d'un poids P′ un peu plus fort, il s'établissait un mouvement qui s'accélérait d'une manière sensiblement uniforme, et que nous mesurions en comptant au chronomètre le temps que mettait la corde à se dérouler d'une quantité donnée. Nous en déduisions la force accélératrice g' qui met la masse en mouvement, puis la partie a du poids P′ qui produit cette force accélératrice. Représentant par A la différence des poids qui agissent moyennement de part et d'autre de la poulie, la différence entre A et a était évidemment le poids qui faisait équilibre au frottement et à la raideur de la corde. Etablissant cet équilibre, nous avions donc, en appelant R la raideur de corde, F le frottement, Q la pression sur

---

en fer poli, qui étaient reçus d'une part dans les moyeux en cuivre de chapes en fer, et d'autre part dans des coussinets également en cuivre, qui portaient une pièce de bois fixée au sol de l'appartement et s'élevant obliquement à la fenêtre. Les chapes s'attachaient à cette pièce de bois au moyen de vis, et pouvaient ainsi être facilement enlevées, ce qui permettait d'essuyer chaque jour les moyeux et axes et de les enduire de nouvelle huile.

La poulie supérieure qui portait le volant pesait $0^k,146$; son diamètre, y compris la ficelle qui passait sur la gorge, était de $0^m,085$ et le diamètre de son tourillon de $0^m,0091$: rapport entre ces deux diamètres $\frac{r'}{r''} = 0,107$.

La poulie inférieure pesait $0^k,219$; son diamètre y compris la ficelle était de $0^m,085$, et celui du tourillon de $0^m,006$: rapport $\frac{r'}{r''} = 0,07$.

Le volant, placé sur deux montans en bois dont les coussinets étaient bien suifés, consistait en un axe en fer poli que l'on réunissait à l'axe de la poulie supérieure au moyen d'un manchon, et en quatre longs bras avec des ailes quadrangulaires en fer-blanc, qui s'assujettissaient à des distances plus ou moins éloignées du centre, à l'aide de petites vis de pression.

Ces ailes frappaient l'air en tournant et régularisaient le mouvement qui sans cela eût été accéléré. Le poids de ce volant était de $1^k,676$.

Les chargemens du chariot et les poids moteurs de la corde qui lui était accrochée se faisaient avec du plomb de chasse. Les premiers se mettaient dans la caisse du chariot, et les seconds dans un bidon de fer-blanc attaché à l'extrémité de la ficelle (*).

(*) *Voir* à la fin du mémoire le dessin de cet appareil.

l'axe de la poulie, f le rapport du frottement à la pression, r' le rayon du tourillon, r'' celui de la poulie, nous avions l'équation :

$$A - a = R + F \frac{r'}{r''} = R + f.Q \frac{r'}{r''},$$

qui nous servait à déterminer le frottement quand la raideur de corde est connue, ou réciproquement. Nous avons fait une première série d'expériences, avec une petite corde de soie très-flexible, et dont nous pouvions négliger la raideur ; le rapport du frottement à la pression était alors donné par la formule :

$$f = \frac{A - a}{Q} \cdot \frac{r''}{r'} \cdot = \frac{A - a}{0.107} \cdot \frac{1}{Q} \text{ puisque } \frac{r'}{r''} = 0.107.$$

Calculant cette valeur f pour chaque expérience, et prenant la moyenne de toutes ces valeurs, nous avons vu que nous pouvions faire $f = 0,10$ (*).

(*) La corde de soie de moyenne grosseur avait $4^m,12$ de longueur, elle pesait 7 grammes ou 1^g,70 le mètre courant, on y avait ajouté un bout de ficelle pesant 14 grammes, poids total 21 grammes.

La petite corde de soie avait $7^m,75$ de longueur, le mètre courant pesait 0^g,6; on y avait ajouté un petit bout de corde de soie pesant 0^g,72, poids total 5^g,57; on a compté 6 grammes.

La chute du poids était dans chaque expérience d'environ 3 mètres ; on l'avait partagée en deux parties égales.

Dans les deux premières expériences l'huile n'avait servi qu'un jour ; dans les deux dernières l'huile avait servi plusieurs jours.

PREMIER POIDS ou résistance.	DEUXIÈME POIDS P moteur.	TEMPS pour parcourir le premier espace.	TEMPS pour parcourir le deuxième espace.	TEMPS TOTAL.	LONGUEUR de corde.	CORDE moyenne ou petite.	f calculé d'après la formule $f = \frac{A-a}{0,107} \cdot \frac{1}{Q}$
kilog.	kilog.	secondes.	secondes.	secondes.			
3	3,122	»	»	9,6	$3^m,08$	petite.	0,113
3	3,145	»	»	9,5	$3^m,03$	moyenne.	0,130
3	3,111	6,84	2,3	9,14	$3^m,08$	petite.	0,091
5	5,223	7,15	2,3	9,45	$3^m,03$	moyenne.	0,121

On voit qu'on peut prendre $f = 0,10$.

Nous avons entrepris ensuite une seconde série d'expériences du même genre, dans le but de déterminer *la raideur de la ficelle* que nous comptions employer pour mouvoir notre chariot.

Ici nous nous servions d'une chaîne de compensation, consistant en un fil de 3 mètres de longueur, avec de petites lamelles de plomb attachées de distance en distance de manière que son poids devînt double de celui de la ficelle, ou égal à $0^{kil.},024$, le poids du mètre courant de ficelle étant de $0^{kil.},004$.

La chute du poids était d'environ 3 mètres dans chaque expérience, et cette longueur était divisée en trois parties, la première de $0^m,33$, la seconde de $1^m,00$, et la troisième de $1^m,67$.

Adoptant pour la valeur f du frottement sur les axes

$$f = 0,10,$$

la formule générale des raideurs de corde

$$R = A - a - fQ\frac{r'}{r''} = A - a - 0,107\,fQ \quad (*)$$

devient dans ce cas

$$R = A - a - 0,0107\,Q.$$

Quant au poids de corde, pesant sur la poulie, qui entre dans la valeur de Q, nous devons remarquer en outre, que dans le premier instant, toute la chaîne de compensation étant suspendue, ce poids est égal au poids p de la ficelle plus $2m$ (le double du poids de 3 mètres de cette ficelle); tandis qu'au dernier instant, toute la chaîne de compensation reposant sur le sol, ce poids se réduit à p.

Le poids moyen de corde que l'on doit prendre est donc $p + m$.

(*) A la note (*page* 38), on a vu que pour la poulie supérieure $\frac{r'}{r''} = 0,107$.

PREMIER POIDS ou résistance.	POIDS moteur.	TEMPS pour parcourir le premier espace.	TEMPS pour parcourir le deuxième espace.	TEMPS pour parcourir le troisième espace.	TEMPS TOTAL.	LONGUEUR de corde.	RAIDEUR de corde calculée d'après la formule R = A — a —0,0107Q.
	kilog.	secondes.	secondes.	secondes.	secondes.		
2	2,105	3,40	3,00	2,70	9,10	3^m,03	R=0^k,020
3	3,145	3,40	2,80	2,60	8,80	Id	R=0^k,019
4	4,189	3,50	3,10	2,80	9,40	Id.	R=0^k,021
5	5,223	3,85	3,36	2,90	10,11	Id.	R=0^k,042

Toutes ces valeurs de R peuvent être liées par une formule de la forme $R = aP + b$, et cette formule est

$$R = 0{,}007 \, P + 0{,}006$$

qui pourra servir pour toute valeur de P, ni beaucoup au-dessous de 2 kilogrammes, ni beaucoup au-dessus de 5 kilogrammes.

Pour déterminer *les résistances du volant* nous avons établi sa communication avec la poulie par le moyen du manchon, et nous avons mis l'ensemble en mouvement, à l'aide d'une corde qui passait sur la gorge de la poulie et qui portait des poids à ses deux extrémités. Ici la corde étant divisée en deux parties égales, chacune passait à très-peu près dans le même temps, ce qui prouvait que le mouvement était uniforme; *t* étant alors le temps employé à parcourir l'espace *e*, la vitesse de la poulie était $\nu = \dfrac{e}{t}$, et le poids $P' — P$ qui entretenait le mouvement uniforme, faisant à chaque instant équilibre aux résistances tant du volant que du frottement des axes et de la raideur de corde, la quantité d'action de ce poids était égale à la somme des quantités d'action de ces résistances; on avait donc, en appelant V la résistance du volant, ramenée à la circonférence de la poulie :

$$P' — P \doteq R + fP \frac{r'}{r''} + V,$$

équation de laquelle on tirait la valeur de V, en faisant dans le second nombre $R = 0{,}007P + 0{,}006$ et $f = 0{,}10$.

Remarquons au sujet du volant que, selon que la voie offrait plus ou moins de résistance au mouvement de la voiture et qu'elle était plus ou moins chargée, des poids moteurs plus ou moins forts avaient sur cette voiture plus ou moins d'effet. Il y avait, par suite, des cas où le grand volant offrait de telles résistances que, pour les surmonter, il fallait des poids que l'on ne pouvait mettre avant de voir la corde glisser sur la poulie; on sentit alors la nécessité d'employer, selon le besoin, des volans plus ou moins grands; on en adopta successivement trois de grandeur différente : le plus grand avait le centre de ses ailes à 0^m,346 de l'axe, le deuxième à 0^m,267 et le troisième à 0^m,188.

PREMIER POIDS ou résistance.	DEUXIÈME POIDS ou poids moteur.	TEMPS de la chute.	LONGUEUR de corde déroulée.	RÉSISTANCE du volant V.	VITESSE de la poulie.	RÉSISTANCES calculées proportionnellement aux quarrés des vitesses.	RÉSISTANCES calculées répondant à une vitesse d'un mètre par seconde de la poulie.
kilog.	kilog.	second.	mèt.	kilog.	mèt.	kilog.	kilog.
6	6,70	13,40	2,025	V=0,514	0,15	0,498	23,11
6	7,00	10,60	2,030	0,81	0,19	0,80	22,50
6	7,303	8.76	2,005	1,12	0,23	1,22	21,20 — Grand volant.
6	7,50	8,20	2,005	1,31	0,24	1,27	22,70 — Moyenne. 22k,30
6	8,00	7,00	2,010	1,80	0,287	1,80	22,20
6	8,50	6,20	2,010	2,30	0,32	2,27	22,40
5,50	8,50	5,80	2,030	2,80	0,35	2,71	22,00
5	8,50	5,10	2,030	3,31	0,398	3,50	22,80
6	7,00	7,20	2,030	0,817	0,282	0,817	10,34 — Moyen volant. 10k.30
6	7,30	6,00	2,030	1,114	0,338	1,17	10,00
6	8,00	5,00	2,035	1,806	0,407	1,70	10,90
5,50	8,50	3,80	2,035	2,808	0,535	2,81	10,00
5,50	8,00	2,70	2,030	2,314	0,752	2,314	4,10 — Petit volant. 3k,88
5,50	7,30	3,20	2,030	1,622	0,653	1,63	4,05
5,50	6,60	3,90	2,030	0,93	0,520	1,100	3,50

Il nous restait enfin, pour faire les calculs relatifs à la marche du chariot, à déterminer en fonction du poids moteur *le tirage de ce chariot* ou la tension de la partie horizontale de la ficelle. Voici comment nous y sommes parvenus :

a étant la poulie supérieure.

b la poulie inférieure.

Et P le poids moteur ou la tension de la partie verticale de la ficelle.

Appelons P′ la tension de la partie inclinée de la ficelle ou de celle qui est comprise entre les deux poulies.

Et P″ la tension de la partie horizontale.

Soient en outre :

φ l'angle connu des cordons P et P′.

φ′ l'angle également connu des cordons P′ et P″.

Enfin Nv^2 la résistance du volant pour une vitesse v de la poulie, N représentant cette résistance pour la vitesse de 1 mètre par seconde.

Sur la poulie *a*, le poids moteur P fait équilibre à la tension P′, à la raideur de corde R, au frottement sur l'axe, produit par la résultante des tensions P et P′ et du poids *m* de la poulie, et à la résistance du volant. Posant cette équation d'équilibre et la résolvant, nous arrivons à une équation de la forme (*)

$$P' = \alpha P - \beta N v^2 - \gamma.$$

Sur la poulie *b* la tension P′ fait équilibre à la tension P″, à la raideur de corde R′, et au frottement sur l'axe, produit par la résultante des tensions P′ et P″ et du poids *n* de la poulie. Posant cette nouvelle équation d'équilibre et la résolvant, nous arrivons à une équation de la forme

$$P'' = \alpha' P' - \beta'.$$

Celle-ci combinée avec la précédente donne une troisième équation de la forme (*)

$$P'' = \alpha'' P - \beta'' N v^2 - \gamma''$$

et cette dernière, qui fait connaître la valeur de la tension horizontale P″ en fonction du poids moteur P et de

_____

(*) *Voir* à la fin du mémoire (*page* 67), la note (G), relative à la détermination exacte des tensions P′ et P″.

la vitesse v de la poulie, est aussi la formule, qui donne la valeur du tirage T du chariot.

Toutes ces recherches préliminaires étant faites, nous avons entrepris une série d'expériences *pour déterminer les diverses forces de tirage du chariot sous divers poids de chargement et diverses épaisseurs de sable quartzeux de rivière.*

Dans ces expériences, une couche de sable parfaitement égale était mise à la main dans les deux petites rigoles de la voie en planches; après chaque passage de la voiture, les ornières étaient régalées et la voie sableuse unie de nouveau au moyen d'une planche découpée que l'on faisait glisser légèrement sur les deux rebords de la voie. Le petit volant est celui dont on a fait constamment usage. On laissait toujours le chariot parcourir 2 mètres avant de compter le temps au chronomètre, afin qu'il pût prendre toute l'accélération de sa vitesse.

Nous avons opéré sur deux épaisseurs de sables la première était de 0^m,018 et la seconde de 0^m,013.

Pour chacune de ces épaisseurs, nous avons successivement fait porter au chariot trois chargemens différens, de telle sorte que le poids total du chariot et du chargement a été successivement de 17, de 34 et de 54 kilogr.

Pour chacun des chargemens nous avons successivement employé divers poids moteurs.

Nous avons observé au chronomètre les vitesses correspondantes du chariot, qui étaient les mêmes que celles de la poulie.

Nous en avons déduit au moyen de la formule ci-dessus les divers tirages, et par suite les rapports des forces de tirage aux chargemens.

Puis enfin nous avons lié toutes ces dernières valeurs par des formules de la forme $R = a + bv$.

Tels sont les résultats que nous avons obtenus :

Charge de la voiture.	Poids de la voiture.	Charge totale.	Poids moteur.	Temps pour parcourir 5 mèt. en 2 parties égales.		Épaisseur de sable.	Vitesse de la voiture.	Tirage d'après la formule $T = 0,98P - 3,70 a^2 - 0,018$.	Rapport de la force de tirage au chargement.	FORMULES liant entre eux les divers nombres de la colonnes précédentes.
kilog.	kilogr.	kilog.	kilog.	sec.	second.	mètres.	mètres.	kilog.		
11.717	5,98	17,70	3,50	7,3 / 7,3	14,6	0,018	0,342	2,91	0,164 à 5	1re. épaisseur de sable.
Id.	Id.	Id.	4,00	5,2 / 5,2	10,4	Id.	0,481	2,97	0,167 à 8	—
Id.	Id.	Id.	4,50	4,4 / 4,2	8,6	Id.	0,581	3,05	0,172 à 3	$R = 0^m,0157 + 0^m,216\ v.$
Id.	Id.	Id.	5,00	3,6 / 3,6	7,2	Id.	0,694	3,02	0,171	
28.228	5.98	34,00	6,00	6, / 6,	12,0	Id.	0,417	5,11	0,150	
Id.	Id.	Id.	8,00	3,2 / 3,2	6,4	Id.	0,781	5,41	0,159	$R = 0^m,140 + 0^m,0247\ v.$
Id.	Id.	Id.	9,00	2,6 / 2,6	5,2	Id	0,961	5,21	0,00	
48,228	5,98	54,00	8,00	6,6 / 7,	13,6	Id.	0.368	7,17	0,133	
Id.	Id.	Id.	8,50	5,2 / 5,2	10,4	Id.	0,481	7,30	0,135	$R = 0^m,127 + 0^m,0177\ v.$
Id.	Id.	Id.	9,00	4,4 / 4,4	8,8	Id.	0,568	7,44	0,138	
Id.	Id.	Id.	10,953	2,8 / 2,8	5,6	Id.	0,893	7,55	0,140	2me. épaisseur de sable; on l'avait renouvelée.
11,717	5,98	17,70	3,25	6,0 / 6,0	12,0	0,013	0,417	2,47	0,139	$R = 0^m,133 + 0^m,0144\ v.$
Id.	Id.	Id.	4,50	3,6 / 3,6	7,2	Id.	0,694	2,53	0,143	
28,228	5,98	34,00	5,00	6,2 / 6,4	12,6	Id.	0,397	4,21	0,124	$R = 0^m,117 + 0^m,0182\ v.$
Id.	Id.	Id.	7,00	3,2 / 3,2	6,4	Id.	0,781	4,46	0,131	
48,228	5,98	54,00	7,00	6,0 / 6,0	12,0	Id.	0,4t7	6,07	0,112	$R = 0^m,1103 + 0^m,0042\ v.$
Id.	Id.	Id.	9,50	2,8 / 2,8	5,6	Id.	0,893	6,16	0,114	

Nous avons calculé ensuite au moyen de ces formules *les divers rapports des forces de tirage aux chargemens*, sous les poids de 17, de 34 et de 54 kilogrammes, pour des vitesses de 0ᵐ,40 à 0ᵐ,60, et nous en avons dressé le tableau suivant :

VITESSE.	RAPPORTS pour la charge = 17ᵏ,7.	RAPPORTS pour la charge = 34ᵏ.	RAPPORTS pour la charge = 54ᵏ.	ÉPAISSEUR de sable.
$v = 0,40$	$R = 0,1656$	$R' = 0,1499$	$R'' = 0,134$	
$v = 0,45$	$R = 0,1667$	$R' = 0,1511$	$R'' = 0,135$	
$v = 0,50$	$R = 0,1678$	$R' = 0,1523$	$R'' = 0,1358$	1ʳᵉ. $= 0,018$
$v = 0,55$	$R = 0,1689$	$R' = 0,1536$	$R'' = 0,1367$	
$v = 0,60$	$R = 0,1699$	$R' = 0,1548$	$R'' = 0,1376$	
$v = 0,40$	$R = 0,1387$	$R' = 0,1243$	$R'' = 0,1198$	
$v = 0,45$	$R = 0,1395$	$R' = 0,1252$	$R'' = 0,1122$	
$v = 0,50$	$R = 0,1402$	$R' = 0,1261$	$R'' = 0,1124$	2ᵉ. $= 0,013$
$v = 0,55$	$R = 0,1409$	$R' = 0,1270$	$R'' = 0,1126$	
$v = 0,60$	$R = 0,1416$	$R' = 0,1279$	$R'' = 0,1128$	

Il en résulte :

1°. Que, sur le sable, le rapport de la force de tirage au chargement augmente avec la vitesse ou est d'autant plus fort que cette vitesse est plus grande, tandis que, d'après Rumford, ce rapport ne varie point avec les vitesses.

2°. Que ce rapport est d'autant plus petit ou la force de tirage d'autant moindre que la charge est plus forte; On se rend facilement compte de ce résultat, en remarquant que l'enfoncement étant sensiblement le même sous tous les poids, la résistance provenant du sable à déplacer est à peu près la même aussi; donc plus les chargemens seront forts, plus le rapport sera petit.

Lors donc qu'on emploiera des voitures peu chargées, il faudra avoir soin d'entretenir la route toujours propre, autrement la petite couche de boue qui la recouvrirait, offrirait une résistance notable au mouvement de ces voitures.

3°. enfin, que ce rapport est d'autant plus petit que l'épaisseur de la couche est moindre, et que pour la plus grande épaisseur ce rapport varie de 0,17 à 0,13, tandis que d'après M. Navier la force de tirage dans un terrain sablonneux équivaut à $\frac{1}{8}=0,125$ de la charge totale.

Nous avons fait une autre serie d'expériences pour déterminer *les rapports des forces de tirage aux différens chargemens d'un chariot, élastique ou non élastique, parcourant une route raboteuse, mais solide.*

Des graviers de nature quartzeuse ou granitique, et d'environ 12 millimètres de grosseur, étaient dans ce cas rangés à la main dans les deux petites voies que suivaient les roues.

Le chariot était d'ailleurs rendu élastique ou non élastique selon que l'on éloignait ou rapprochait les essieux.

Nous avons ici fait porter successivement au chariot les trois mêmes chargemens que plus haut; pour chacun de ces chargemens, nous avons successivement employé le chariot élastique ou non élastique; dans chaque cas, nous avons successivement fait usage de divers poids moteurs.

Nous avons à chaque fois observé au chronomètre le temps mis à parcourir 5 mètres ou la vitesse du chariot.

Nous en avons déduit au moyen de la formule précitée la force de tirage correspondante, et par suite le rapport de cette force de tirage au chargement.

Nous avons lié enfin tous les rapports relatifs à une même classe d'expériences par une formule de la forme $R = a + bv$.

Tels sont les résultats que nous avons obtenus :

Charge de la voiture.	Poids de la voiture.	Charge totale.	Poids moteur.	Temps pour parcourir 5 mètres.	Élasticité ou non.	Volant ou non.	Vitesse de la voiture.	Force de tirage.	Rapport de cette force au chargement.	Formules liant entre eux les divers nombres de la colonne précédente.
kilog.		kilog.	kilog.	secondes.			mètres.	kilog.		
42.228	5,98	54,00	3,00	12,	E.	Pt. volant.	0,417	2,224	R=0,0412	
Id.	Id.	Id.	4,00	11,	E.	Id.	0,454	3,065	0,0567	
Id.	Id.	Id.	3,00	6,	E.	sans vol.	0,833	2,867	0,0531	R = 0,0292 + 0,0289 v.
Id.	Id.	Id.	3,50	4,4	E.	Id.	1,136	3,347	0,0620	
Id.	Id.	Id.	5,50	7,8	Non.	Pt. volant.	0,641	3,747	0,0694	
Id.	Id.	Id.	6,50	6,4	Non.	Id.	0,781	3,971	0,0735	
Id.	Id.	Id.	4,50	5,6	Non.	sans vol.	0,893	4,307	0,0797	R = 0,0492 + 0,0315 v.
Id.	Id.	Id.	5,00	4,	Non.	Id.	1,25	4,787	0,0886	
28,228	5,98	34,00	2,50	9,6	E.	Pt. volant.	0,521	1,383	0,0407	R = 0,0197 + 0,0404 v.
Id.	Id.	Id.	2,50	4,0	E.	sans vol.	1,25	2,387	0,0702	
Id.	Id.	Id.	3,00	9,4	Non.	Pt. volant.	0,532	1,820	0,0535	R = 0,0170 + 0,0687 v.
Id.	Id.	Id.	3,00	5,10	Non.	sans vol.	0,980	2,867	0,0843	
11,717	5,98	17,7	1,25	12,4	E.	Pt. volant.	0,403	0,586	0,0331	R = 0,0139 + 0,0477 v.
Id.	Id.	Id.	1,15	5,0	E.	sans vol.	1,000	1,091	0,0616	
Id.	Id.	Id.	1,50	11,5	Non.	Pt. volant.	0,435	0,728	0,0411	R = 0,0107 + 0,0699 v.
Id.	Id.	Id.	1,50	5,0	Non.	sans vol.	1,000	1,427	0,0806	

Enfin, nous avons calculé par ces formules *les divers rapports des forces de tirage aux chargemens d'un chariot élastique et non élastique sous les mêmes poids et les mêmes vitesses*, et nous en avons dressé le tableau suivant :

CHARGE totale.	VITESSE de la voiture.	RAPPORTS dans le cas d'élasticité.	RAPPORTS dans le cas de non élasticité.	AVANTAGE de l'élasticité.
kilog. 54	mèt. 0,50	R = 0,0436	R' = 0,0649	0,328
Id.	0,75	R = 0,0508	R' = 0,0728	0,302
Id.	1,00	R = 0,0581	R' = 0,0807	0,281
Id.	1,25	R = 0,0653	R' = 0,0886	0,263
Id.	1,50	R = 0,0725	R' = 0,0964	0,247
34	0,50	R = 0,0399	R' = 0,0513	0,222
Id.	0,75	R = 0,0500	R' = 0,0685	0,270
Id.	1,00	R = 0,0601	R' = 0,0857	0,298
Id.	1,25	R = 0,0702	R' = 0,1028	0,317
17,7	0,40	R = 0,0329	R' = 0,0386	0,148
Id.	0,50	R = 0,0377	R' = 0,0456	0,173
Id.	0,75	R = 0,0496	R' = 0,0631	0,214
Id.	1,00	R = 0,0616	R' = 0,0806	0,235

Il en résulte que sur une route cahotante : 1°. le rapport de la force de tirage au chargement diminue avec le chargement et augmente avec la vitesse; d'où il résulte qu'il y a avantage à employer de petits chargemens et à aller lentement; 2°. l'avantage produit par l'élasticité de la voiture est d'autant plus grand que le chargement est plus fort, cet avantage paraît augmenter en outre avec les vitesses pour les petits chargemens, tandis que pour les gros chargemens, il semble diminuer au contraire comme les vitesses augmentent; 3°. l'avantage produit par l'élasticité varie entre le $\frac{1}{3}$ et le $\frac{1}{4}$ pour des vitesses de 0^m,50 à 1^m,50 par seconde. Pour la plus forte charge, la force de tirage est moyennement les 0,08 de la charge totale dans le cas de non élasticité, et les 0,06 dans le cas d'élasticité; cette force de tirage varie donc entre $\frac{1}{13}$ et $\frac{1}{16}$ de la charge. M. Navier estime à $\frac{1}{14}$ le tirage d'une voiture suspendue, allant au trot, sur une chaussée pavée en grès.

4

Comparaison des différentes voitures employées au roulage.

Les différens moyens de roulage se composent des voitures à deux ou à quatre roues, suspendues ou non suspendues, à flèches ou à limonières.

Les meilleures de toutes ces voitures sont celles qui, dégradant le moins les routes, portent le plus de chargement utile, en exerçant le moins de tirage possible; examinons-les donc sous ce double rapport.

Les voitures à deux roues, dans lesquelles tout le poids porte sur un seul essieu, sont plus cahotantes que celles à quatre roues, et par suite fatiguent davantage la route et les chevaux. Les roues doivent d'ailleurs être plus fortes pour résister aux secousses qu'elles éprouvent, et le chargement utile qu'elles reçoivent en est d'autant plus petit; quant au tirage, la partie de la résistance qui se produit au moyeu des roues d'une charrette est vaincue à la vérité avec plus d'avantage, par la raison que les rais de ces roues sont toujours plus grands que les rais moyens des roues du chariot, mais la partie de la résistance qui a lieu à la circonférence des roues, et qui est bien plus considérable que la première, est plus grande dans les voitures à deux roues que dans celles à quatre roues, attendu que dans celles-là les roues chargées d'un poids double des secondes défoncent davantage la route. En somme les chariots exigent donc un moindre tirage que les charrettes, et sous ce rapport doivent être de beaucoup préférés.

Les chariots à roues inégales conviennent mieux que ceux à roues égales. Dans les pays de montagne, ils ménagent les chevaux à la montée, puisqu'alors le plus grand effort s'exerce sur les roues qui éprouvent le moins de frottement; ils les ménagent encore à la descente, puisque le poids se porte sur les petites roues, c'est-à-dire là où il y a le plus de frottement. Dans les pays de plaine, l'avantage des roues inégales subsiste encore, car la direction du tirage diminue dans ce cas la pression sur les petites roues.

Les voitures non suspendues, parcourant des routes inégales et raboteuses, éprouvent des chocs qui dégradent les chaussées, fatiguent les chevaux et les voitures, et endommagent les marchandises. Les voitures suspendues au contraire, dans lesquelles ces chocs sont amortis, peuvent être faites plus légères, elles détériorent beaucoup moins les chemins, et, fatiguant moins les chevaux, elles peuvent admettre des charges plus considérables. Ces dernières voitures ont donc beaucoup d'avantage sur les premières, et l'emploi doit en être fortement recommandé sur nos routes mal entretenues et dont la huitième partie est pavée. Les voitures à deux roues, dont les chargemens ne peuvent être portés sur des ressorts, sont encore sous ce rapport inférieures aux voitures à quatre roues.

Les rouliers, considérant que dans les voitures pesantes le poids du chargement se trouve généralement plus considérable, relativement à celui du véhicule, ont cru de leur intérêt de faire usage de grosses voitures, portant de lourds chargemens et traînées par plusieurs chevaux (*). Mais nous avons vu que les petits chargemens avaient le double avantage de fatiguer moins les routes et d'exiger un moindre tirage de la part des chevaux; nous pensons donc au contraire que le commerce ne trouvera pas moins de bénéfices que l'état, à n'employer que des voitures légères à un seul cheval. La comparaison suivante rendra cette vérité évidente pour tous : les voitures à quatre roues et cinq chevaux, dont on se sert en Lorraine, pèsent ordinairement 1750 kilogrammes et

(*) *Voir* à la fin du mémoire (*page* 69), la note (H), relative aux plus forts chargemens à faire porter par les diverses voitures de roulage.

4

portent un chargement de 3750 kilogrammes, ce qui donne par force de cheval un poids du véhicule de 350 kilogrammes et une charge utile de 750 kilogrammes; rapport = 0,46; tandis que sur un chariot léger, pesant 450 kilogrammes, un cheval peut traîner facilement 800 kilogrammes; rapport 0,56. On voit donc que, quoique dans les chariots à un cheval le rapport du poids du véhicule à celui du chargement utile soit plus grand que dans les chariots à plusieurs chevaux, cependant, pour la même force de tirage, le chargement, utilement transporté, est plus grand dans le premier cas que dans le second.

Cet avantage des chariots légers sur les chariots pesants paraîtra plus grand encore, si aux chariots lorrains à plusieurs chevaux, on compare les chariots à un cheval de la Franche-Comté. Ces derniers, dont les roues sont minces et légères, et dont les essieux sont en bois, pèsent en effet moins que les autres, relativement à leur chargement. Cette charge, placée sur le milieu de brancards longs et élastiques, ne participant d'ailleurs nullement aux petites secousses, et ne partageant point subitement les grandes secousses que les roues éprouvent sur des chemins raboteux, exige une moindre force de tirage. Par toutes ces raisons, un cheval peut traîner 1100 à 1200 kilogrammes sur un chariot comtois, dont le poids ne s'élève pas à plus de 400 kilogrammes. Voilà donc la voiture la plus avantageuse de toutes, et celle qui devrait devenir le moyen ordinaire de tous nos transports.

A la vérité, les routes sont dégradées non-seulement par la pression des roues, mais encore par l'impression des pieds des chevaux; sous ce rapport les voitures à limonières ont quelque désavantage sur celles à flèches. Dans les premières en effet, les chevaux placés sur une seule file marchent tous dans la voie qui a été frayée par les chevaux des voitures qui ont déjà suivi cette chaussée, et les roues passant dans les mêmes ornières en augmentent de plus en plus la profondeur, jusqu'à ce que la route soit coupée. Dans les chariots à flèches, au contraire, les chevaux disposés par couples, marchant sur la même ligne que les roues, ne suivent point ordinairement les voies déjà rouagées qui leur seraient trop pénibles ; ils changent de voies, et par conséquent usent la chaussée d'une manière uniforme sur toute la surface.

Il faut même à ce sujet remarquer que les chariots comtois, se suivant par longs convois, offrent l'inconvénient d'un grand nombre de roues minces et tranchantes qui attaquent toujours les mêmes ornières. Mais ce désavantage des petits chariots disparaîtrait entièrement, si (les jantes de leurs roues étant un peu plus larges, et nos routes moins bombées et ferrées sur une plus grande largeur), les poids de chargement étaient calculés de manière à ne pas briser les matériaux, car alors les diverses voitures pouvant parcourir indistinctement toute la largeur de la chaussée, et les premiers convois ne laissant aucune trace de leur passage, il serait peu probable que les autres véhicules vinssent passer exactement dans la même voie.

CONCLUSION.

Des considérations, exposées dans ce mémoire, résultent les principaux faits suivans :

1°. La détermination des meilleures pentes à adopter pour franchir des montagnes, dépend du rapport entre la somme des hauteurs verticales et la somme des longueurs des parties de route en plaine ; ceci étant entendu des points principaux où les rouliers effectuent leurs chargemens.

2°. Dans l'administration de nos routes, il vaut mieux employer tous les fonds qui y sont affectés à maintenir celles-ci en bon état, que d'en consacrer une partie à changer le tracé des points qui offrent des pentes rapides.

3°. Sur les routes déjà construites, la détermination des chargemens les plus avantageux est de la plus haute importance, et ces chargemens doivent varier d'après les longueurs respectives de la route sous ses diverses pentes.

4°. Les petits chargemens occasionnent les moindres frais d'entretien des routes; ce sont aussi ceux qui emploient le plus utilement la force des chevaux, ou pour lesquels le rapport de la force de tirage au chargement est le plus petit; on trouvera donc un bénéfice certain à employer exclusivement le petit roulage.

5°. Les voitures à un cheval ont de l'avantage sur celles à plusieurs chevaux, en ce qu'on peut proportionner le chargement à la force de chaque cheval, tandis que, lorsque quatre ou cinq chevaux sont attelés à une même voiture, il arrive souvent que les plus ardens s'exténuent de fatigue, tandis que les autres n'exercent presqu'aucun effort.

Les voitures à quatre roues sont préférables à celles à deux roues, qui exigent un plus fort tirage. Les chariots à roues inégales ménagent mieux les chevaux que les chariots à roues égales.

L'élasticité de ces véhicules diminue encore de $\frac{1}{3}$ à $\frac{1}{4}$ la force du tirage; elle permet en outre de faire les voitures les plus légères possibles et par suite d'augmenter le rapport du chargement utile au chargement total.

Sous tous ces rapports, les voitures franc-comtoises sont de beaucoup plus avantageuses que les voitures ordinaires, ce sont donc elles qui devraient devenir le moyen ordinaire de tous nos transports.

Tableau (A) du chemin journalier parcouru par un cheval, et de la quantité d'action qu'il fournit, en faisant varier son tirage.

TIRAGES.	CHEMIN journalier parcouru.	QUANTITÉ d'action fournie.	TIRAGES.	CHEMIN journalier parcouru.	QUANTITÉ d'action fournie.
kilog.	kilom.	kilog.×kilom.	*Suite.* kilog.	kilom.	kilog.×kilom.
1	69,21	69	67	29,09	1949
2	68,43	137	68	28,63	1947
3	67,65	203	69	28,20	1946
4	66,88	268	70	27,77	1944
5	66,11	331	75	25,74	1931
6	65,36	392	80	23,67	1894
7	64,60	452	85	21,78	1851
8	63,85	511	90	20,00	1800
9	63,11	568	95	18,30	1739
10	62,37	624	100	16,71	1671
11	61,65	678	105	15,21	1597
12	60,91	731	110	13,80	1518
13	60,20	783	115	12,49	1436
14	59,48	833	120	11,27	1352
15	58,77	882	125	10,12	1265
16	58,07	929	130	9,05	1177
17	57,38	975	135	8,07	1089
18	56,68	1020	140	7,16	1002
19	56,00	1064	145	6,33	918
20	55,31	1106	150	5,57	836
25	51,99	1300	155	4,87	755
30	48,80	1464	160	4,24	678
35	45,73	1601	165	3,68	607
40	42,80	1712	170	3,18	541
45	40,00	1800	175	2,74	480
50	37,31	1866	180	2,35	423
55	34,75	1911	185	2,00	370
60	32,31	1939	190	1,71	325
65	29,98	1949	195	1,49	291
66	29,54	1950	200	1,28	256

Tableau (B) à la page suivante.

Tableau (B). — *Temps pour transporter* À LA MONTÉE *un quintal métrique à un kilomètre.*

1°. SUR UNE ROUTE DE 1re. CLASSE.

CHARGEMENS.	PENTES.	TEMPS			CHANGEMENS.	PENTES.	TEMPS		
		SANS DOUBLER.	EN DOUBLANT.	EN TRIPLANT.			SANS DOUBLER.	EN DOUBLANT.	EN TRIPLANT.
kilog.		journées.	journées.	journées.	kilog.		journées.	journées.	journées.
400	0,00	0,00417			700	0,00	0,00269		
	0,01	0,00451				0,01	0,00304		
	0,02	0,00490				0,02	0,00345		
	0,03	0,00532				0,03	0,00394		
	0,04	0,00579				0,04	0,00451		
	0,05	0,00632				0,05	0,00521		
	0,06	0,00691				0,06	0,00607		
	0,07	0,00761				0,07	0,00712		
	0,08	0,00838				0,08	0,00845		
	0,09	0,00927				0,09	0,01012		
	0,10	0,01010				0,10	0,01226		
450	0,00	0,00378			800	0,00	0,00245		
	0,01	0,00413				0,01	0,00282		
	0,02	0,00450				0,02	0,00325		
	0,03	0,00493				0,03	0,00377		
	0,04	0,00541				0,04	0,00441		
	0,05	0,00596				0,05	0,00521		
	0,06	0,00658				0,06	0,00622		
	0,07	0,00731				0,07	0,00750		
	0,08	0,00812				0,08	0,00918		
	0,09	0,00908				0,09	0,01137	0,01239	
	0,10	0,01020				0,10	0,01434	0,01345	
500	0,00	0,00347			900	0,00	0,00228		
	0,01	0,00381				0,01	0,00265		
	0,02	0,00420				0,02	0,00311		
	0,03	0,00463				0,03	0,00368		
	0,04	0,00512				0,04	0,00439		
	0,05	0,00569				0,05	0,00533		
	0,06	0,00635				0,06	0,00656		
	0,07	0,00711				0,07	0,00813		
	0,08	0,00798				0,08	0,01029	0,01072	
	0,09	0,00905				0,09	0,01330	0,01186	
	0,10	0,01030				0,10	0,01750	0,01318	
600	0,00	0,00301			1,000	0,00	0,00214		
	0,01	0,00336				0,01	0,00253		
	0,02	0,00370				0,02	0,00303		
	0,03	0,00413				0,03	0,00365		
	0,04	0,00467				0,04	0,00447		
	0,05	0,00527				0,05	0,00554		
	0,06	0,00600				0,06	0,00702		
	0,07	0,00687				0,07	0,00903	0,00930	
	0,08	0,00792				0,08	0,01193	0,01032	
	0,09	0,00936				0,09	0,01613	0,01155	
	0,10	0,01097				0,10	0,02249	0,01298	

CHARGEMENS.	PENTES.	TEMPS SANS DOUBLER.	TEMPS EN DOUBLANT.	TEMPS EN TRIPLANT.
		journées.	journées.	journées.
kilog.	0,00	0,00195		
	0,01	0,00238		
	0,02	0,00295		
	0,03	0,00373		
	0,04	0,00481		
1,200	0,05	0,00634	0,00687	
	0,06	0,00861	0,00771	
	0,07	0,01207	0,00869	
	0,08	0,01757	0,00987	
	0,09	0,02656	0,01144	
	0,10	0,04167	0,01320	
	0,00	0,00183		
	0,01	0,00232		
	0,02	0,00300		
	0,03	0,00420		
	0,04	0,00546	0,00580	
1,400	0,05	0,00774	0,00658	
	0,06	0,01147	0,00753	
	0,07	0,01790	0,00868	
	0,08	0,02913	0,01012	
	0,09	0,04807	0,01191	0,01264
	0,10		0,01417	0,01405
	0,00	0,00175		
	0,01	0,00231		
	0,02	0,00614		
	0,03	0,00443	0,00483	
	0,04	0,00650	0,00554	
1,600	0,05	0,01008	0,00641	
	0,06	0,01664	0,00750	
	0,07	0,02907	0,00887	
	0,08		0,01064	0,01088
	0,09		0,01293	0,01227
	0,10		0,01601	0,01386
	0,00	0,00172		
	0,01	0,00237		
	0,02	0,00339	0,00400	
	0,03	0,00509	0,00463	
	0,04	0,00815	0,00539	
1,800	0,05	0,01406	0,00640	
	0,06	0,02593	0,00770	0,00828
	0,07		0,00934	0,00929
	0,08		0,01159	0,01052
	0,09		0,01469	0,01214
	0,10		0,01899	0,01395
	0,00	0,00171		
	0,01	0,00247		
	0,02	0,00374	0,00383	
2,000	0,03	0,00608	0,00450	
	0,04	0,01070	0,00537	
	0,05	0,02073	0,00650	0,00715
	0,06		0,00804	0,00809

CHARGEMENS.	PENTES.	TEMPS SANS DOUBLER.	TEMPS EN DOUBLANT.	TEMPS EN TRIPLANT.
Suite.		journées.	journées.	journées.
kilog.	0,07		0,01012	0,00922
2,000	0,08		0,01310	0,01061
	0,09		0,01738	0,01236
	0,10		0,02383	0,01451

2°. SUR UNE ROUTE DE 2ᵉ. CLASSE.

CHARGEMENS.	PENTES.	TEMPS SANS DOUBLER.	TEMPS EN DOUBLANT.	TEMPS EN TRIPLANT.
	0,00	0,00430		
	0,01	0,00469		
	0,02	0,00506		
	0,03	0,00550		
	0,04	0,00601		
400	0,05	0,00657		
	0,06	0,00720		
	0,07	0,00792		
	0,08	0,00874		
	0,09	0,00963		
	0,10	0,01075		
	0,00	0,00392		
	0,01	0,00427		
	0,02	0,00468		
	0,03	0,00513		
	0,04	0,00563		
450	0,05	0,00622		
	0,06	0,00688		
	0,07	0,00767		
	0,08	0,00850		
	0,09	0,00954		
	0,10	0,01076		
	0,00	0,00362		
	0,01	0,00398		
	0,02	0,00437		
	0,03	0,00484		
	0,04	0,00536		
500	0,05	0,00597		
	0,06	0,00667		
	0,07	0,00749		
	0,08	0,00845		
	0,09	0,00960		
	0,10	0,01092		
	0,00	0,00316		
	0,01	0,00355		
	0,02	0,00395		
	0,03	0,00444		
	0,04	0,00501		
600	0,05	0,00568		
	0,06	0,00649		
	0,07	0,00746		
	0,08	0,00864		
	0,09	0,01007		
	0,10	0,01185		

CHARGEMENS.	PENTES.	TEMPS			CHARGEMENS.	PENTES.	TEMPS		
		SANS DOUBLER.	EN DOUBLANT.	EN TRIPLANT.			SANS DOUBLER.	EN DOUBLANT.	EN TRIPLANT.
		journées.	journées.	journées.			journées.	journées.	journées.
kilog. 700	0,00	0,00285			Suite. kilog. 1,200	0,06	0,01033	0,00820	
	0,01	0,00323				0,07	0,01476	0,00928	
	0,02	0,00368				0,08	0,02201	0,01059	
	0,03	0,00424				0,09	0,03381	0,01215	
	0,04	0,00483				0,10	0,05273	0,01408	
	0,05	0,00560							
	0,06	0,00656			1,400	0,00	0,00208		
	0,07	0,00774				0,01	0,00267		
	0,08	0,00921				0,02	0,00351		
	0,09	0,01110				0,03	0,00474		
	0,10	0,01351				0,04	0,00662	0,00612	
						0,05	0,00962	0,00697	
800	0,00	0,00263				0,06	0,01466	0,00802	
	0,01	0,00302				0,07	0,02342	0,00930	
	0,02	0,00350				0,08	0,03915	0,01088	
	0,03	0,00408				0,09		0,01289	0,01341
	0,04	0,00478				0,10		0,01542	0,01463
	0,05	0,00569							
	0,06	0,00683			1,600	0,00	0,00205		
	0,07	0,00830				0,01	0,00275		
	0,08	0,01022				0,02	0,00381	0,00450	
	0,09	0,01193	0,01275			0,03	0,00549	0,00514	
	0,10	0,01625	0,01410			0,04	0,00832	0,00591	
						0,05	0,01336	0,00689	
900	0,00	0,00246				0,06	0,02279	0,00811	
	0,01	0,00288				0,07	0,04017	0,00967	0,01022
	0,02	0,00339				0,08		0,01168	0,01143
	0,03	0,00403				0,09		0,01349	0,01288
	0,04	0,00485				0,10		0,01792	0,01457
	0,05	0,00591							
	0,06	0,00730			1,800	0,00	0,00206		
	0,07	0,00918	0,01010			0,01	0,00290	0,00372	
	0,08	0,01173	0,01110			0,02	0,00427	0,00428	
	0,09	0,01533	0,01232			0,03	0,00659	0,00498	
	0,10	0,02045	0,01374			0,04	0,01110	0,00585	
						0,05	0,01994	0,00698	
1,000	0,00	0,00234				0,06	0,03168	0,00844	0,00877
	0,01	0,00278				0,07		0,01039	0,00968
	0,02	0,00333				0,08		0,01303	0,01124
	0,03	0,00405				0,09		0,01672	0,01285
	0,04	0,00500				0,10		0,02194	0,01483
	0,05	0,00627							
	0,06	0,00801	0,00872		2,000	0,00	0,00211		
	0,07	0,01044	0,00968			0,01	0,00314	0,00354	
	0,08	0,01397	0,01079			0,02	0,00494	0,00413	
	0,09	0,01918	0,01210			0,03	0,00841	0,00490	
	0,10	0,02718	0,01360			0,04	0,01571	0,00590	
						0,05	0,03125	0,00723	0,00755
1,200	0,00	0,00217				0,06		0,00908	0,00858
	0,01	0,00268				0,07		0,01153	0,00983
	0,02	0,00335				0,08		0,01514	0,01136
	0,03	0,00428				0,09		0,02043	0,01326
	0,04	0,00559				0,10		0,02852	0,01564
	0,05	0,00748	0,00728						

CHARGEMENS.	PENTES.	TEMPS			CHARGEMENS.	PENTES.	TEMPS		
		SANS DOUBLER.	EN DOUBLANT.	EN TRIPLANT.			SANS DOUBLER.	EN DOUBLANT.	EN TRIPLANT.

3°. SUR UNE ROUTE DE 3ᵉ. CLASSE.

CHARGEMENS.	PENTES.	SANS DOUBLER.	EN DOUBLANT.	EN TRIPLANT.	CHARGEMENS.	PENTES.	SANS DOUBLER.	EN DOUBLANT.	EN TRIPLANT.
		journées.	journées.	journées.			journées.	journées.	journées.
kilog.	0,00	0,00452			kilog.	0,00	0,00312		
	0,01	0,00491				0,01	0,00355		
	0,02	0,00533				0,02	0,00406		
	0,03	0,00580				0,03	0,00466		
	0,04	0,00634				0,04	0,00539		
400	0,05	0,00695			700	0,05	0,00629		
	0,06	0,00763				0,06	0,00740		
	0,07	0,00840				0,07	0,00880		
	0,08	0,00928				0,08	0,01056		
	0,09	0,01031				0,09	0,01282		
	0,10	0,01150				0,10	0,01577		
	0,00	0,00414				0,00	0,00292		
	0,01	0,00453				0,01	0,00337		
	0,02	0,00496				0,02	0,00393		
	0,03	0,00545				0,03	0,00483		
	0,04	0,00600				0,04	0,00546		
450	0,05	0,00663			800	0,05	0,00654		
	0,06	0,00736				0,06	0,00791		
	0,07	0,00820				0,07	0,00971		
	0,08	0,00916				0,08	0,01152	0,01220	
	0,09	0,01030				0,09	0,01531	0,01343	
	0,10	0,01162				0,10	0,01975	0,01485	
	0,00	0,00385				0,00	0,00278		
	0,01	0,00424				0,01	0,00327		
	0,02	0,00467				0,02	0,00388		
	0,03	0,00518				0,03	0,00465		
	0,04	0,00576				0,04	0,00565		
500	0,05	0,00643			900	0,05	0,00697		
	0,06	0,00720				0,06	0,00872		
	0,07	0,00810				0,07	0,01110	0,01063	
	0,08	0,00918				0,08	0,01444	0,01176	
	0,09	0,01046				0,09	0,01921	0,01308	
	0,10	0,01196				0,10	0,02622	0,01460	
	0,00	0,00341				0,00	0,00268		
	0,01	0,00382				0,01	0,00323		
	0,02	0,00429				0,02	0,00388		
	0,03	0,00483				0,03	0,00479		
	0,04	0,00548				0,04	0,00598		
600	0,05	0,00624			1,000	0,05	0,00761	0,00835	
	0,06	0,00716				0,06	0,00988	0,00925	
	0,07	0,00826				0,07	0,01316	0,01029	
	0,08	0,00961				0,08	0,01794	0,01152	
	0,09	0,01128				0,09	0,02531	0,01296	
	0,10	0,01335				0,10	0,03646	0,01464	

CHARGEMENS.	PENTES.	TEMPS SANS DOUBLER.	EN DOUBLANT.	EN TRIPLANT.
kilog.		journées.	journées.	journées.
1,200	0,00	0,00258		
	0,01	0,00321		
	0,02	0,00410		
	0,03	0,00533		
	0,04	0,00709	0,00699	
	0,05	0,00975	0,00784	
	0,06	0,01384	0,00887	
	0,07	0,02048	0,01008	
	0,08	0,03127	0,01156	
	0,09	0,04930	0,01336	
	0,10		0,01558	
1,400	0,00	0,00257		
	0,01	0,00336		
	0,02	0,00452	0,00520	
	0,03	0,00628	0,00588	
	0,04	0,00906	0,00668	
	0,05	0,01370	0,00766	
	0,06	0,02179	0,00886	
	0,07	0,03650	0,01036	
	0,08		0,01223	0,01251
	0,09		0,01461	0,01393
	0,10		0,01768	0,01555
1,600	0,00	0,00264		
	0,01	0,00364	0 00432	
	0,02	0,00522	0,00493	
	0,03	0,00784	0,00589	
	0,04	0,01249	0,00659	
	0,05	0,02114	0,00774	
	0,06	0,03752	0,00919	0,00975
	0,07		0,01108	0,01090
	0,08		0,01398	0,01224
	0,09		0,01687	0,01385
	0,10		0,02142	0,01576
1,800	0,00	0,00278		
	0,01	0,00407	0,00411	
	0,02	0,00628	0,00477	
	0,03	0,01037	0,00560	
	0,04	0,01848	0,00665	
	0,05	0,03472	0,00804	0,00838
	0,06		0,00986	0,00944
	0,07		0,01231	0,01068
	0,08		0,01574	0,01221
	0,09		0,02060	0,01406
	0,10		0,02771	0,01633
2,000	0,00	0,00299		
	0,01	0,00468	0,00399	
	0,02	0,00790	0,00468	
	0,03	0,01459	0,00564	
	0,05	0,02922	0,00688	0,00722
	0,05		0,00857	0,00819
	0,06		0,01090	0,00936

CHARGEMENS.	PENTES.	TEMPS SANS DOUBLER.	EN DOUBLANT.	EN TRIPLANT.
Suite. kilog. 2,000	0,07	journées.	0,01425	0,01080
	0,08		0,01911	0,01258
	0,09		0,02656	0,01481
	0,10		0,03780	0,01764

4°. SUR UNE ROUTE DE 4ᵉ. CLASSE.

CHARGEMENS.	PENTES.	TEMPS SANS DOUBLER.	EN DOUBLANT.	EN TRIPLANT.
400	0,00	0,00491		
	0,01	0,00535		
	0,02	0,00581		
	0,03	0,00636		
	0,04	0,00697		
	0,05	0,00765		
	0,06	0,00841		
	0,07	0,00931		
	0,08	0,01034		
	0,09	0,01152		
	0,10	0,01290		
450	0,00	0,00455		
	0,01	0,00500		
	0,02	0,00549		
	0,03	0,00605		
	0,04	0,00669		
	0,05	0,00741		
	0,06	0,00825		
	0,07	0,00924		
	0,08	0,01038		
	0,09	0,01172		
	0,10	0,01329		
500	0,00	0,00428		
	0,01	0,00473		
	0,02	0,00524		
	0,03	0,00583		
	0,04	0,00651		
	0,05	0,00729		
	0,06	0,00822		
	0,07	0,00932		
	0,08	0,01061		
	0,09	0,01215		
	0,10	0,01404		
600	0,00	0,00389		
	0,01	0,00438		
	0,02	0,00494		
	0,03	0,00572		
	0,04	0,00638		
	0,05	0,00734		
	0,06	0,00848		
	0,07	0,00988		
	0,08	0,01161		
	0,09	0,01376		
	0,10	0,01647		

CHARGEMENS.	PENTES.	TEMPS SANS DOUBLER.	EN DOUBLANT.	EN TRIPLANT.
		journées.	journées.	journées.
kilog.	0,00	0,00365		
	0,01	0,00418		
	0,02	0,00481		
	0,03	0,00556		
	0,04	0,00655		
700	0,05	0,00769		
	0,06	0,00916		
	0,07	0,01103		
	0,08	0,01342		
	0,09	0,01657		
	0,10	0,02079		
	0,00	0,00351		
	0,01	0,00410		
	0,02	0,00481		
	0,03	0,00573		
	0,04	0,00687		
800	0,05	0,00835		
	0,06	0,01028		
	0,07	0,01286	0,01204	
	0,08	0,01637	0,01326	
	0,09	0,02119	0,01464	
	0,10	0,02811	0,01625	
	0,00	0,00344		
	0,01	0,00410		
	0,02	0,00494		
	0,03	0,00602		
	0,04	0,00745		
900	0,05	0,00937	0,00955	
	0,06	0,01200	0,01053	
	0,07	0,01571	0,01167	
	0,08	0,02100	0,01298	
	0,09	0,02892	0,01450	
	0,10	0,04051	0,01627	
	0,00	0,00342		
	0,01	0,00417		
	0,02	0,00515		
	0,03	0,00647		
	0,04	0,00829	0,00832	
1,000	0,05	0,01084	0,00921	
	0,06	0,01455	0,01027	
	0,07	0,02008	0,01151	
	0,08	0,02849	0,01295	
	0,09	0,04148	0,01465	
	0,10	0,06104	0,01672	
	0,00	0,00352		
	0,01	0,00451		
1,200	0,02	0,00592	0,00628	
	0,03	0,00797	0,00714	
	0,04	0,01109	0,00789	
	0,05	0,01598	0,00894	

CHARGEMENS.	PENTES.	TEMPS SANS DOUBLER.	EN DOUBLANT.	EN TRIPLANT.
		journées.	journées.	journées.
Suite. kilog.	0,06	0,02396	0,01019	
	0,07	0,03717	0,01170	
1,200	0,08	0,05752	0,01356	0,01424
	0,09		0,01584	0,01568
	0,10		0,01870	0,01736
	0,00	0,00378		
	0,01	0,00516	0,00526	
	0,02	0,00726	0,00595	
	0,03	0,01069	0,00678	
	0,04	0,01654	0,00782	
1,400	0,05	0,02666	0,00906	
	0,06	0,04444	0,01062	0,01116
	0,07		0,01259	0,01239
	0,08		0,01509	0,01380
	0,09		0,01836	0,01544
	0,10		0,02270	0,01736
	0,00	0,00424		
	0,01	0,00607	0,00505	
	0,02	0,00759	0,00581	
	0,03	0,01571	0,00679	
	0,04	0,02712	0,00800	
1,600	0,05	0,04750	0,00955	0,00971
	0,06		0,01156	0,01087
	0,07		0,01423	0,01225
	0,08		0,01783	0,01386
	0,09		0,02275	0,01581
	0,10		0,02978	0,01819
	0,00	0,00493		
	0,01	0,00786	0,00494	
	0,02	0,01347	0,00583	
	0,03	0,02477	0,00697	0,00762
	0,04		0,00875	0,00838
1,800	0,05		0,01044	0,00948
	0,06		0,01314	0,01076
	0,07		0,01692	0,01230
	0,08		0,02230	0,01421
	0,09		0,03031	0,01654
	0,10		0,04200	0,01945
	0,00	0,00595		
	0,01	0,01074	0,00493	
	0,02	0,02017	0,00595	
	0,03		0,00732	0,00737
	0,04		0,00919	0,00823
2,000	0,05		0,01180	0,00938
	0,06		0,01557	0,01075
	0,07		0,02117	0,01283
	0,08		0,02966	0,01455
	0,09		0,04273	0,01813
	0,10		0,06238	0,02203

Tableau (C). — *Temps pour transporter*, A LA DESCENTE, *un quintal métrique à un kilomètre.*

CHARGEMENS.	PENTES.	TEMPS.	CHARGEMENS.	PENTES.	TEMPS.
1°. SUR UNE ROUTE DE 1re. CLASSE.			2°. SUR UNE ROUTE DE 2e. CLASSE.		
kilogrammes.		journées.	kilogrammes.		journées.
400	0,01	0,00430	400	0,01	0,00398
450	0,01	0,00348		0,02	0,00369
	0,02	0,00322	450	0,01	0,00360
500	0,01	0,00317		0,02	0,00332
	0,02	0,00290	500	0,01	0,00330
600	0,01	0,00272		0,02	0,00302
	0,02	0,00246	600	0,01	0,00285
700	0,01	0,00239		0,02	0,00258
	0,02	0,00214	700	0,01	0,00254
800	0,01	0,00216		0,02	0,00226
	0,02	0,00190	800	0,01	0,00231
900	0,01	0,00197		0,02	0,00203
	0,02	0,00172	900	0,01	0,00213
1,000	0,01	0,00183		0,02	0,00184
	0,02	0,00162		0,03	0,00162
1,200	0,01	0,00161	1,000	0,01	0,00199
	0,02	0,00135		0,02	0,00170
1,400	0,01	0,00147		0,03	0,00147
	0,02	0,00119	1,200	0,01	0,00179
1,600	0,01	0,00136		0,02	0,00149
	0,02	0,00108		0,03	0,00125
1,800	0,01	0,00129	1,400	0,01	0,00166
	0,02	0,00099		0,02	0,00134
2,000	0,01	0,00124		0,03	0,00110
	0,02	0,00092	1,600	0,01	0,00157
				0,02	0,00123
				0,03	0,00098
			1,800	0,01	0,00152
				0,02	0,00116
				0,03	0,00090
			2,000	0,01	0,00149
				0,02	0,00109
				0,03	0,00082

La suite du tableau à la page suivante.

CHARGEMENS.	PENTES.	TEMPS.	CHARGEMENS.	PENTES.	TEMPS.
3°. SUR UNE ROUTE DE 3e. CLASSE.			4°. SUR UNE ROUTE DE 4e. CLASSE.		
kilogrammes.		journées.	kilogrammes.		journées.
400	0,01	0,00418	450	0,01	0,00418
	0,02	0,00387		0,02	0,00383
450	0,01	0,00380		0,03	0,00352
	0,02	0,00350		0,04	0,00324
	0,03	0,00323	500	0,01	0,00389
500	0,01	0,00351		0,02	0,00354
	0,02	0,00320		0,03	0,00324
	0,03	0,00294		0,04	0,00298
600	0,01	0,00308	600	0,01	0,00349
	0,02	0,00277		0,02	0,00314
	0,03	0,00250		0,03	0,00281
700	0,01	0,00277		0,04	0,00255
	0,02	0,00246	700	0,01	0,00322
	0,03	0,00220		0,02	0,00285
800	0,01	0,00255		0,03	0,00253
	0,02	0,00223		0,04	0,00226
	0,03	0,00197	800	0,01	0,00304
900	0,01	0,00239		0,02	0,00264
	0,02	0,00206		0,03	0,00232
	0,03	0,00181		0,04	0,00204
1,000	0,01	0,00226	900	0,01	0,00292
	0,02	0,00192		0,02	0,00250
	0,03	0,00165		0,03	0,00215
1,200	0,01	0,00210		0,04	0,00187
	0,02	0,00173		0,05	0,00163
	0,03	0,00144	1,000	0,01	0,00284
	0,04	0,00122		0,02	0,00239
1,400	0,01	0,00201		0,03	0,00203
	0,02	0,00161		0,04	0,00174
	0,03	0,00130		0,05	0,00149
	0,04	0,00107		0,01	0,00280
1,600	0,01	0,00198		0,02	0,00227
	0,02	0,00152	1,200	0,03	0,00186
	0,03	0,00120		0,04	0,00155
	0,04	0,00096		0,05	0,00130
1,800	0,01	0,00198		0,01	0,00286
	0,02	0,00147		0,02	0,00222
	0,03	0,00110	1,400	0,03	0,00176
	0,04	0,00087		0,04	0,00142
2,000	0,01	0,00203		0,05	0,00116
	0,02	0,00144		0,01	0,00303
	0,03	0,00106		0,02	0,00224
	0,04	0,00080	1,600	0,03	0,00170
400	0,01	0,00453		0,04	0,00133
	0,02	0,00418		0,05	0,00105
	0,03	0,00388		0,01	0,00329
				0,02	0,00231
			1,800	0,03	0,00168
				0,04	0,00127
				0,05	0,00097
				0,01	0,00368
				0,02	0,00243
			2,000	0,03	0,00169
				0,04	0,00122
				0,05	0,00091

Tableau (D) indiquant le temps nécessaire pour transporter, à la descente, un quintal métrique à un kilomètre, à partir de la pente pour laquelle il faut enrayer, suivant les divers changemens.

CHARGEMENS.	TEMPS.	CHARGEMENS.	TEMPS.	CHARGEMENS.	TEMPS.
kilog.	journées.	*Suite.*		*Suite.*	
400	0,00357	kilog.	journées.	kilog.	journées.
450	0,00317	800	0,00179	1400	0,00102
500	0,00286	900	0,00159	1600	0,00089
600	0,00238	1000	0,00143	1800	0,00079
700	0,00204	1200	0,00119	2000	0,00071

Tableau (E) des pentes à donner au tracé d'une route en pays de montagnes, d'après le rapport qui existe entre la longueur de la partie de route en plaine et la somme des hauteurs verticales des montagnes à franchir, en supposant que l'on ne double pas dans les montées.

NATURE des routes.	RAPPORT des longueurs horizontales aux hauteurs verticales.	LONGUEUR RESPECTIVE des parties de route.		PENTES.	CHARGEMENS.
		En plaine.	En pente.		
1re. classe.	208	3,120	1,00	0,03	1600
	51	1,020	1,00	0,04	1200
	29	0,725	1,00	0,05	1000
	18	0,545	1,00	0,06	900
	5	0,175	1,00	0,07	700
	0	0,000	1,00	0,08	600
2e. classe.	780	11,700	1,00	0,03	1600
	92	1,840	1,00	0,04	1200
	48	1,200	1,00	0,05	1000
	18	0,545	1,00	0,06	800
	7	0,245	1,00	0,07	700
	1	0,040	1,00	0,08	600
	0	0,000	1,00	0,10	500
3e. classe.	6430	96,000	1,00	0,03	1400
	267	5,340	1,00	0,04	1200
	65	1,625	1,00	0,05	900
	35	1,050	1,00	0,06	800
	17	0,595	1,00	0,07	700
	5	0,200	1,00	0,08	600
	1	0,045	1,00	0,09	500
	0	0,000	1,00	0,10	450
4e. classe.	265	6,625	1,00	0,05	900
	51	1,530	1,00	0,06	700
	36	1,260	1,00	0,07	650
	21	0,840	1,00	0,08	600
	7	0,315	1,00	0,09	500
	0	0,000	1,00	0,10	400

Note (F) relative à la partie du tirage occasionée par l'enfoncement des roues d'une voiture dans le sol sur lequel elle roule.

Cette note a pour objet de développer, avec le secours d'une figure, les hypothèses et calculs qui donnent les équations (9) et (10), page 33.

Soit OA, *fig.* (1) la roue; P, le poids dont elle est chargée et dont l'action s'exerce suivant OA; soit OB la ligne de direction suivant laquelle s'exerce le tirage T; CE la surface de la route, AF la ligne sur laquelle s'appuie la roue dans son mouvement, ou le fond de l'ornière qu'elle trace; ACEF la partie du sol que la roue comprime en s'avançant et qui à chaque instant lui oppose un obstacle à vaincre. Nous pouvons regarder les différentes parties du sol qui touchent l'arc AC de la circonférence de la roue comme exerçant contre cette roue une suite de pressions normales. Ces pressions ne peuvent être uniformes, elles doivent être très-faibles pour les couches voisines de la surface supérieure CE de la route, et de plus en plus fortes pour les couches inférieures. Supposons que ces pressions varient proportionnellement à l'angle formé par le rayon OC correspondant à la partie supérieure de l'ornière et par le rayon de l'élément considéré : soit D un de ces élémens, l'arc AC $= a$, l'arc DC $= \alpha$, et le rayon OA $= r$; l'angle AOC aura pour mesure ar, et l'angle DOC aura pour mesure αr; soit en outre m le coefficient constant par lequel l'angle αr doit être multiplié pour avoir la pression en D, $m\alpha r$ sera cette pression et celle sur l'élément infiniment petit (DD' $= d\alpha$) de la circonférence sera $m\alpha r.d\alpha$ en la regardant comme constante dans cette étendue. Cette pression qui s'exerce suivant DO pourra être décomposée en deux, l'une horizontale $Dg = m r\alpha.d\alpha.$ sin. AOD $= m r\alpha.d\alpha.$ sin. $(a-\alpha)$, et l'autre verticale $Dh = m r\alpha.d\alpha.$ cos. $(a-\alpha)$; prenant l'intégrale de ces deux quantités depuis $\alpha = o$ jusqu'à $\alpha = a$, et considérant que l'équilibre existe à chaque instant entre la somme des pressions sur l'arc AC, le tirage T et le poids P de chargement, on devra avoir la somme des composantes horizontales des pressions, égale à T et la somme des composantes verticales, égale à P; établissant donc ces deux équations et la divisant l'une par l'autre, on aura la valeur de $\dfrac{T}{P}$.

$$\int rm\alpha.d\alpha.\text{ sin. }(a-\alpha) = \int m r\alpha.d\alpha. (\text{sin. } a \text{ cos. } \alpha - \text{sin. } \alpha \text{ cos. } a)$$
$$= m r \text{ sin. } a \int \alpha.d\alpha. \text{ cos. } \alpha - m r \text{ cos. } a \int \alpha.d\alpha. \text{ sin. } \alpha.$$

Chacune de ces dernières intégrales est facile à obtenir par parties d'après la formule :

$$\int \varphi x. \, dfx = \varphi x fx - \int fx. \, d\varphi x.$$

On trouve en effet :

$$\int \alpha.d\alpha. \text{ cos. } \alpha = \alpha \text{ sin. } \alpha - \int \text{ sin. } \alpha.d\alpha = \alpha. \text{ sin. } \alpha + \text{cos. } \alpha, \text{ et}$$
$$\int \alpha.d\alpha. \text{ sin. } \alpha = -\alpha \text{ cos. } \alpha + \int \text{ cos. } \alpha. \, d\alpha = -\alpha.\text{cos. } \alpha + \text{ sin. } \alpha.$$

Donc :

$$\int m r\alpha.d\alpha. \text{ sin. } (a-\alpha) =$$
$$= m r \text{ sin. } a \, (\alpha \text{ sin. } \alpha + \text{cos. } \alpha) + m r \text{ cos. } a \, (\alpha \text{ cos. } \alpha - \text{sin. } \alpha) + \text{C}.$$

Si $\alpha = o$, cette intégrale devient $o = m r \text{ sin. } a + \text{C}$ d'où $\text{C} = - m r \text{ sin. } a$.

5

Cette valeur portée dans l'équation précédente , donne :
$$\int mr\alpha.d\alpha. \sin.(a-\alpha) =$$
$$= mr\sin.a\,(\alpha\sin.\alpha+\cos.\alpha-1)+mr\cos.a\,(\alpha\cos.\alpha-\sin.\alpha).$$

Faisant maintenant $\alpha=a$, cette intégrale doit devenir égale à T, on a donc :
$$T=mr\sin.a\,(a\sin.a+\cos.a-1)+mr\cos.a\,(a\cos.a-\sin.a)=$$
$$= (a-\sin.a)\,mr.$$

Quant à l'autre intégrale $\int mr\alpha.d\alpha.\cos.(a-\alpha)$, on trouve de même :
$$\int mr\alpha.d\alpha.\cos.(a-\alpha)=\int mr\alpha.d\alpha.(\cos.a.\cos.\alpha+\sin.a.\sin.\alpha)=$$
$$= mr\cos.a\int\alpha.d\alpha.\cos.\alpha+mr\sin.a\int\alpha.d\alpha.\sin.\alpha=$$
$$= mr\cos.a\,(\alpha\sin.\alpha+\cos.\alpha)+mr\sin.a\,(\sin.\alpha-\alpha\cos.\alpha)+C.$$

Soit $\alpha=0$, on a : $o=mr\cos.a+C$, d'où $C=-mr\cos.a$, et par suite :
$$\int mr\alpha.d\alpha.\cos.(a-\alpha)=$$
$$= mr\cos.a\,(\alpha\sin.\alpha+\cos.\alpha-1)+mr\sin.a\,(\sin.\alpha-\alpha\cos.\alpha).$$

Faisant maintenant $\alpha=a$, cette intégrale doit être égale à P, on a donc :
$$P=mr\cos.a\,(a\sin.a+\cos.a-1)+mr\sin.a\,(\sin.a-a\cos.a)=$$
$$= (1-\cos.a)\,mr.$$

Donc :
$$\frac{T}{P}=\frac{a-\sin.a}{1-\cos.a}. \qquad (9).$$

Si nous supposons que les pressions varient proportionnellement au quarré de l'angle α, nous verrons de même que la pression sur un élément quelconque infiniment petit DD′ sera représentée par $mr\,\alpha^2.d\alpha$ et que la somme des composantes horizontales et verticales de tous les élémens dont se compose l'arc AC seront :
$$\int mr\alpha^2.d\alpha.\sin.(a-\alpha)\ \text{et}\ \int mr\,\alpha^2.d\alpha.\cos.(a-\alpha),$$
ces intégrales étant prises depuis $\alpha=o$ jusqu'à $\alpha=a$. Or :
$$\int mr\alpha^2.d\alpha.\sin.(a-\alpha)=mr\sin.a\int\alpha^2.d\alpha.\cos.\alpha-mr\cos.a\int\alpha^2.d\alpha.\sin.\alpha,$$
d'une autre part, $\int\alpha^2.d\alpha.\cos.\alpha=\alpha^2\sin.\alpha-\int2\alpha.d\alpha.\sin.\alpha=$
$$=\alpha^2.\sin.\alpha-(-2\alpha.\cos.\alpha+\int2\cos.\alpha.d\alpha)=$$
$$=\alpha^2.\sin.\alpha+2\alpha.\cos.\alpha-2\sin.\alpha,$$
de même, $\int\alpha^2.d\alpha.\sin.\alpha=-\alpha^2.\cos.\alpha+\int2\alpha\,d\alpha.\cos.\alpha=$
$$=-\alpha^2.\cos.\alpha+2\alpha\sin.\alpha.-\int2\sin.\alpha.d\alpha=$$
$$=-\alpha^2.\cos.\alpha+2\alpha\sin.\alpha+2\cos.\alpha.\ \text{Donc :}$$
$$\int mr\alpha^2d\alpha\sin.(a-\alpha)=mr\sin.a\,(\alpha^2\sin.\alpha+2\alpha\cos.\alpha-2\sin.\alpha)+$$
$$+mr\cos.a\,(\alpha^2\cos.\alpha-2\alpha\sin.\alpha-2\cos.\alpha)+C$$
$$\int mr\alpha^2.d\alpha.\sin.(a-\alpha)\left\{\begin{matrix}\alpha=o\\\alpha=a\end{matrix}\right\}=(a^2+2\cos.a-2)\,mr=T.$$

De même :
$$\int mr\alpha^2.d\alpha.\cos.(a-\alpha)=mr\cos.a\int\alpha^2.d\alpha.\cos.\alpha+mr\sin.a\int\alpha^2.d\alpha.\sin.\alpha=$$
$$=mr\cos.a\,(\alpha^2\sin.\alpha+2\alpha\cos.\alpha-2\sin.\alpha)+$$
$$+mr\sin.a\,(\alpha^2\cos.\alpha-2\alpha\sin.\alpha-2\cos.\alpha)+C$$
$$\int mr\alpha^2.d\alpha.\cos.(a-\alpha)\left\{\begin{matrix}\alpha=o\\\alpha=a\end{matrix}\right\}=(2a-2\sin.a)\,mr=P.$$

Dans le cas où les pressions varient proportionnellement au quarré de l'angle, la formule $\frac{T}{P}$ devient donc :

$$\frac{T}{P} = \frac{a^2 - 2(1 - \cos. a)}{2(a - \sin. a)} \qquad (10).$$

Note (G). Détermination des tensions P' et P'', de la ficelle qui entraîne avec elle le chariot en fonction du poids moteur appliqué à son extrémité.

P' étant, *fig.* 5, la tension de la partie de la ficelle comprise entre les deux poulies; et l'équilibre existant sur la poulie (a) entre cette tension P', le poids P, la raideur R de la ficelle et le frottement sur l'axe, on a :

$$P = P' + R + f' . \frac{r'}{r''} . \sqrt{(P+m)^2 + P'^2 + 2 P' (P+m) \cos. a} \qquad (1)$$

a étant l'angle des cordons P' et P et le radical représentant la résultante des tensions P' et P et du poids m de la poulie, ou la pression qui a lieu sur l'axe de cette poulie.

Cela posé, la raideur R de la ficelle est comme nous avons vu égale à 0,007 P' + 0,006. Nous savons aussi que $\left(f' = \frac{f}{\sqrt{1 + f^2}} \right)$ est sensiblement égal à f, lequel a été trouvé être égal à 0,10 et que $\frac{r'}{r''} = 0,107$.

Quant à la valeur du radical, rappelons-nous que $a = 23°\ 58'$, et remarquons qu'on peut mettre cette expression sous la forme :

$$\sqrt{[(P+m) + P' \cos. a]^2 + P'^2 \sin.^2 a} = \sqrt{a^2 + b^2}$$

En faisant $\quad a = P + m + P' \cos. a = P + 0^k.146 + 0,92\ P'$
$\quad\quad\quad b = P' \sin. a \ldots \ldots = 0,4\ P'$

Or, d'après M. Poncelet, on a, à $\frac{1}{25}$ près :

$$\sqrt{a^2 + b^2} = 0,96\ a + 0,40\ b$$

Donc

$$\sqrt{[(P+m) + P' \cos. a]^2 + P'^2 \sin.^2 a} = 0,140 + 0,96\ P + 1,04\ P'.$$

Et cette valeur étant mise dans l'équation (1), ainsi que celle de R et de $f' \frac{r'}{r''}$, il vient :

$$0,9897\ P = 1,0181\ P' + 0,0075 \qquad (2)$$
Et par suite, $\quad\quad P' = 0,972\ P - 0,007 \qquad (3)$
qui exprime la relation existante entre P' et P.

Dans le cas où l'on fait usage du volant, N représentant la résistance de ce volant pour une vitesse de la poulie d'un mètre par seconde, et v la vitesse effective de cette poulie, Nv^2 est la résistance correspondante à la vitesse v et l'équation (1) précédente doit alors être remplacée par celle-ci :

$$P' = P + R + f' . \frac{i'}{r''} . \sqrt{(P+m)^2 + P'^2 + 2 P' (P+m) \cos. a} + N\ v^2 \quad (4)$$

Et l'équation (2) par cette autre ,

$$0,9897 \; P = 1,0181 \; P' + N \, v^2 + 0,0075 \qquad (5)$$

D'où on tire ,

$$P' = 0,972 \; P - \frac{N \, v^2}{1,0181} - 0,007 \qquad (6)$$

Considérons maintenant ce qui se passe à la 2e. poulie (*b*) *fig.* 6.

P″ étant la tension de la partie horizontale de la ficelle, il doit y avoir équilibre entre cette tension P″, celle P′ de la partie de la ficelle comprise entre les deux poulies, la raideur R de cette ficelle, et le frottement provenant de la pression sur l'axe.

Cette pression sur l'axe est la résultante des tensions horizontale et inclinée P″ et P′ et du poids vertical *n* de la poulie. La tension P′ pouvant d'ailleurs être remplacée par ses deux composantes P′ sin. *a* et P′ cos. *a* , cette pression peut aussi être regardée comme la résultante des forces suivantes :

1°. Force verticale : $\quad$ P′ sin. *a* — *n* , $\quad$ tendant à soulever la poulie,

2°. Force horizontale : $\quad$ P″ — P′ cos. *a* , $\quad$ agissant de droite à gauche.

L'équation d'équilibre est donc dans ce cas :

$$P' = P'' + R + f'. \frac{r'}{\overline{n}}. \sqrt{(P' \sin. a - n)^2 + (P'' - P' \cos. a)^2} \qquad (7)$$

Faisant encore ici R = 0,007 P′ + 0,006 $\quad$ et $f' = f = 0,10$,

Remarquant que $\frac{r'}{r''} = 0,071$, que *n* = 0,219 , et *a* = 113°,58′.

Enfin que

$$\sqrt{(P' \sin. a - n)^2 + (P'' - P' \cos. a)^2} = 0,96 (P' \sin. a - n) + 0,40 (P'' - P' \cos. a)$$

On obtient en réduisant :

$$0,998 \; P' = 1,0067 \; P'' + 0,0054 \qquad (8)$$

D'où . . . P″ = 0,99 P′ — 0k,005 $\qquad$ (9)

Combinant successivement cette équation (9) avec les équations (3) et (6), on a pour la valeur de la tension P″ en fonction du poids moteur P :

1°. Dans le cas de non-volant. $\quad$ P″ = 0,96 P — 0k,013 $\qquad$ (10)

2°. Dans le cas du volant. . . P″ = 0,96 P — 0,972 Nv^2 — 0,013 (11)

N ou la résistance du volant pour une vitesse (de la poulie) d'un mètre par seconde, est d'ailleurs :

Pour le grand volant. . N = 22k.30 , $\quad$ donc 0,972 N = 21k.675

Pour le moyen volant. N = 10 .30 , $\quad$ . . . 0,972 N = 10 .012

Pour le petit volant. . N = 3 .88 , $\quad$ . . . 0,972 N = 3 .694

Donc l'équation (11) pourra en définitive être mise sous la forme :

$$P'' = 0,96 \; P - N \, v^2 - 0,013$$

N ayant l'une ou l'autre des valeurs exprimées à la dernière colonne précédente.

Note (H) *relative aux plus forts chargemens à faire porter par les diverses voitures de roulage.*

Les poids de chargemens des voitures doivent être déterminés en raison de la résistance des matériaux des routes, de la largeur de jantes des roues et du nombre de ces roues.

Nous avons vu, *page* 22, que pour que les matériaux des routes ne fussent point écrasés par la pression des roues, 200 kilogrammes étaient le poids maximum que l'on devait faire porter sur chaque surface de 25 centimètres quarrés.

Quant à la largeur la plus convenable à donner aux jantes des voitures, elle dépend des effets de la pression du chargement sur des surfaces données. Leurs dimensions doivent réunir les deux avantages de diviser ce poids sur une plus grande surface et de ne pas augmenter le frottement de manière à gêner la marche des voitures. Or, toute roue dont la largeur de jante est moindre de 8 centimètres (*) coupe ou sillonne les chaussées le plus solidement construites, tandis que toute roue plus large que 17 centimètres, éprouvant souvent des glissemens, engendre des frottemens qui augmentent le tirage, de même que n'appuyant que rarement de toute son épaisseur sur le sol, elle détériore fortement les routes (qu'elle devrait protéger) par l'effet des gros chargemens qu'on ne craint pas de lui faire porter. C'est donc entre ces deux limites qu'il faut se tenir.

Il suit de ce qui précède qu'une roue de chariot franc-comtois dont l'épaisseur sera de 8 centimètres et qui portera en général sur deux pierres, ne devra pas être chargée de plus de 400 kilogrammes, ce qui donne pour les 4 roues un poids total de 1600 kilogrammes. Ce chargement n'est point dépassé dans la pratique, mais la largeur des jantes est d'ordinaire de 5 à 6 centimètres, et là est le vice.

Les roues de charrettes de 11 et 17 centimètres d'épaisseur ne devraient pas, d'après les mêmes considérations, porter au delà de 600 et 800 kilogrammes, tandis que, d'après le tarif actuel, la roue de 11 centimètres peut porter jusqu'à 1250 kilogrammes, et celle de 17 centimètres est ordinairement chargée d'un poids double. Les roues à jantes larges sont donc maintenant fortement favorisées et les rapports établis entre les chargemens des diverses roues semblent l'avoir été pour le plus grand dommage des routes. Par ces raisons, il est dans l'intérêt public d'assujettir les voitures de roulage à un tarif de chargement moindre et plus raisonnable; le roulage se fera d'ailleurs alors avec d'autant plus de facilité et d'économie, en sorte que ce changement sera également très-avantageux au commerce.

(*) Nous fixons à 8 centimètres le minimum de largeur de jantes, afin que celle-ci puisse toujours porter sur deux pierres.

uivant la ligne IK du plan Fig. 2.

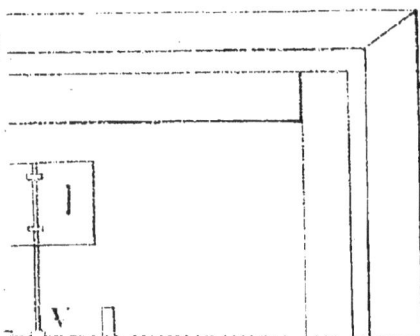

nité. a, b, poulies dirigeant la ficelle ff.
étaient liées ces poulies.
quatre ailes I, dont l'axe porté par
it à celui de la poulie (a) au moyen

ination des tensions P' et P'', de la

un centimètre pour mètre, et celle des
st de cinq centimètres pour mètre.

Gravés.   Imp. Litho. de C. Motte à Paris.

Fig. 4. Élévation suivant la ligne IK du plan Fig. 2.

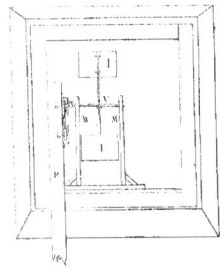

Fig. 3. Coupe et Élévation suivant la ligne AF du plan Fig. 2.

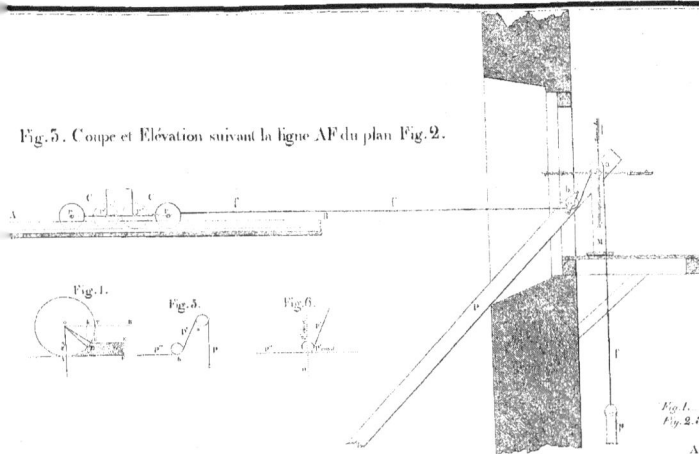

Fig. 1.   Fig. 3.   Fig. 6.

Fig. 2. Plan de l'appareil au moyen duquel ont été faites les expériences sur le roulage.

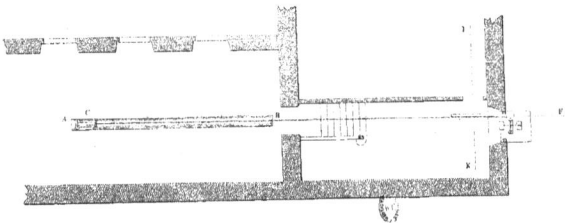

LÉGENDE.

Fig. 1.   Vue d'une voie parcourant une route compressible.

Fig. 2, 3 & 4. Plan, coupe et élévation de l'appareil au moyen duquel ont été faites les expériences sur le roulage.

A B.   Voie horizontale en planches.

C C.   Chariot qui était élastique lorsque les roues occupaient la position cc, et qui n'était plus élastique lorsque ces roues étaient placées en c'c'.

f f.   Ficelle qui mettait le chariot en mouvement au moyen du poids p appliqué à son extrémité, à b, poulies dirigeant la ficelle ff.

P.   Pièce de bois à laquelle étaient liées ces poulies.

V.   Volant régulateur, avec quatre ailes λ, dont l'axe passé par les montans M, se liait à celui de la poulie (u) au moyen du manchon m.

Fig. 5 & 6. Relatives à la détermination des tensions P et P' de la ficelle f.

L'Échelle du plan Fig. 2 est de un centimètre pour mètre, et celle des Coupe et Élévation, Fig. 3 et 4, est de cinq centimètres pour mètre.